国家骨干高职院校建设项目成果　环境艺术设计专业项目式教学系列教材

商业空间设计

主　编　徐铭杰
副主编　朱存侠

中国水利水电出版社
www.waterpub.com.cn
·北京·

内 容 提 要

本教材是根据室内设计中商业空间设计项目的特点，提炼商业空间设计的典型工作任务，按照项目设计的工作过程，以项目导向为主要教学模式编写的高职环境艺术设计专业课程改革教材。教材选取商业空间设计中具有代表性和典型性的服装专卖店设计、化妆品专卖店设计及商场美陈设计为实践项目，项目可操作性强。教材还注重将工作过程贯穿在教学中，从项目调研、方案策划到方案制图，使学生了解整个项目设计的实际过程。各工作任务中都穿插了相关理论知识、思维拓展和参考资料，有助于学生在实施项目时自学与开拓思维。

本教材既可供高职院校环境艺术设计专业师生使用，也可供具有一定室内设计基础的设计人员参考使用。

图书在版编目（CIP）数据

商业空间设计 / 徐铭杰主编. -- 北京 : 中国水利水电出版社，2014.8（2018.1重印）
 国家骨干高职院校建设项目成果 环境艺术设计专业项目式教学系列教材
 ISBN 978-7-5170-2328-9

Ⅰ. ①商… Ⅱ. ①徐… Ⅲ. ①商业建筑－室内装饰设计－高等职业教育－教材 Ⅳ. ①TU247

中国版本图书馆CIP数据核字(2014)第188644号

书　　名	国家骨干高职院校建设项目成果　环境艺术设计专业项目式教学系列教材 **商业空间设计**
作　　者	主编　徐铭杰　副主编　朱存侠
出版发行	中国水利水电出版社 （北京市海淀区玉渊潭南路1号D座　100038） 网址：www.waterpub.com.cn E-mail：sales@waterpub.com.cn 电话：（010）68367658（营销中心）
经　　售	北京科水图书销售中心（零售） 电话：（010）88383994、63202643、68545874 全国各地新华书店和相关出版物销售网点
排　　版	北京时代澄宇科技有限公司
印　　刷	北京博图彩色印刷有限公司
规　　格	210mm×285mm　16开本　9.5印张　268千字
版　　次	2014年8月第1版　2018年1月第2次印刷
印　　数	2001—4000册
定　　价	40.00元

凡购买我社图书，如有缺页、倒页、脱页的，本社营销中心负责调换

版权所有·侵权必究

哈尔滨职业技术学院环境艺术设计专业教材编审委员会

主　　任：王长文（哈尔滨职业技术学院　校长）
副 主 任：刘　敏（哈尔滨职业技术学院　副校长）
　　　　　孙百鸣（哈尔滨职业技术学院　教务处处长）
　　　　　栾　强（哈尔滨职业技术学院　艺术与设计学院院长）
　　　　　杨力加（哈尔滨建筑设计院　总建筑师）
委　　员：庄　伟（哈尔滨职业技术学院　环境艺术设计教研室主任）
　　　　　徐铭杰（哈尔滨职业技术学院　环境艺术设计教研室教师）
　　　　　朱存侠（哈尔滨职业技术学院　环境艺术设计教研室教师）
　　　　　韩露枫（哈尔滨职业技术学院　环境艺术设计教研室教师）
　　　　　唐　锐（哈尔滨职业技术学院　环境艺术设计教研室教师）
　　　　　刘大欣（哈尔滨职业技术学院　环境艺术设计教研室教师）
　　　　　赵雁鸣（哈尔滨职业技术学院　环境艺术设计教研室教师）
　　　　　蒋宝滨（哈尔滨职业技术学院　环境艺术设计教研室教师）
　　　　　金晶凯（哈尔滨职业技术学院　环境艺术设计教研室教师）
　　　　　任洪伟（哈尔滨职业技术学院　环境艺术设计教研室教师）
　　　　　石　岩（哈尔滨职业技术学院　环境艺术设计教研室教师）
　　　　　张　帆（哈尔滨职业技术学院　环境艺术设计教研室教师）
　　　　　黄耀成（哈尔滨职业技术学院　环境艺术设计教研室教师）
　　　　　陈　松（黑龙江国光建筑装饰设计研究院　院长）
　　　　　徐延忠（哈尔滨海佩空间艺术装饰工程有限公司　设计总监）
　　　　　崔永玉（中国室内装饰协会哈尔滨分会　家装委主任）

本书编审人员

主　　编：徐铭杰（哈尔滨职业技术学院）
副 主 编：朱存侠（哈尔滨职业技术学院）
参　　编：庄　伟（哈尔滨职业技术学院）
　　　　　陈　松（黑龙江国光建筑装饰设计研究院）
主　　审：孙百鸣（哈尔滨职业技术学院）
　　　　　夏　暎（哈尔滨职业技术学院）
　　　　　栾　强（哈尔滨职业技术学院）

编写说明

为贯彻落实教育部《关于以就业为导向深化高等职业教育改革的若干意见》的精神，加强教材建设，确保教材质量，哈尔滨职业技术学院环境艺术设计专业教研室组织编写了一套项目导向式系列教材，由中国水利水电出版社出版，展示我校环境艺术设计专业学工融合、一体化教学的课程开发成果，为更好地推进国家骨干高职院校建设做出我们的贡献。

职业教育与社会经济的发展联系越来越紧密，职业教育课程的改革势在必行。"环境艺术设计专业项目式教学系列教材"就是在这样的背景下组织编写的。本系列教材的编者打破传统，摒弃长期以来存在的重理论知识轻职业能力的弊端，以黑龙江省教育厅《高职环境艺术设计专业实践育人模式的研究与实践》、黑龙江省职业教育学会《"学工融合工作室"人才培养模式创新研究》课题研究为依托，根据专业职业活动，确定教材内容，加以科学组织。

"环境艺术设计专业项目式教学系列教材"根据有关课题研究成果和长期教学经验以及建筑装饰企业常规管理规范，提出了项目导向式的教学模式。即以企业真实工作项目为载体，以岗位工作任务为导向，与企业第一线专家共同开发项目课程教材。按照建筑装饰行业核心能力的要求，围绕"学工融合的工作室"人才培养模式，建设环境艺术设计专业项目式教学系列教材，全面培养学生以专业能力、方法能力、社会能力为主的综合职业能力。

本系列教材与建筑装饰企业共同开发，将设计企业要求对设计人才的需求与环境艺术设计专业教学环节紧密结合，教学不再是教师的"一言堂"，而成为教、学双向互动的"满堂彩"。教材的主要特点如下：

一、依托室内设计工作室，与建筑装饰企业合作，引入企业真实项目和实际案例，实训教学与企业实际工作过程相结合，学生的实训更切合实际。

二、实训教学的考核和评价多元化，有学生的自我评价、互相评价，还有企业评价等。

三、注重培养学生的职业综合素质，强调团队合作、自主学习和沟通交流。

本系列教材适合于高等职业院校项目式课程改革使用，也可作为本专业技术人员的自学读物或培训用书。

本系列教材采取校企合作方式编写，突出工学结合的学工融合工作室式培养特色，教材具有较强的适用性、针对性和推广价值，愿以此系列教材为国家示范性高职院校和国家骨干高职院校建设贡献力量。

哈尔滨职业技术学院环境艺术设计专业教材编审委员会

2013 年 5 月

前 言

商业空间设计课程是环境艺术设计专业的核心课程,也是建筑装饰行业企业室内设计师岗位工作的一项重要内容。《商业空间设计》教材是哈尔滨职业技术学院根据国家骨干高职院校专业建设的要求,从"学工融合工作室"人才培养模式的角度出发,以"学工融合"为教学手段,"工作室"为实训平台,通过"项目导向式"的教学模式,探索一种真正适合高职院校"工学结合"教学模式的阶段性成果。教材以提高学生参与项目实践的能力、提升学生的职业素质与职业技能、培养符合建筑装饰行业企业需求的高端技术技能型人才为目标。

本教材具有以下特点:

一、与建筑装饰企业合作,引进真实项目,把整套项目分解成4个部分,从项目调查到设计表达,结合相应任务,穿插了相关的理论知识。学生能够逐渐掌握完整的商业空间设计程序。

二、本教材的任务需要学生组成小组共同完成,通过团队的合作,培养学生的合作能力、沟通能力、探索能力、创新能力等职业素养。

三、本教材的实训项目,需要在配有图形工作站电脑的室内设计工作室中实施,做到"教、学、做"一体化。

四、采用新型的教学评价体系,更全面、客观地考核学生。

本书主要编写人员分工如下:

教材章节		编写人员
项目一 服装专卖店设计	子项目1 项目调研	徐铭杰
	子项目2 服装专卖店总括方案设计	徐铭杰
	子项目3 服装专卖店室内设计	徐铭杰
	子项目4 服装专卖店店面设计	徐铭杰
项目二 化妆品专卖店设计	子项目1 项目调研	朱存侠
	子项目2 化妆品专卖店总括方案设计	朱存侠
	子项目3 化妆品专卖店室内设计	朱存侠
	子项目4 化妆品专卖店店面设计	朱存侠
项目三 商场美陈设计	子项目1 项目调研	徐铭杰
	子项目2 商场美陈总括方案设计	徐铭杰
	子项目3 商场中庭美陈设计	徐铭杰
	子项目4 商场店面美陈设计	徐铭杰
商业空间设计项目案例		庄伟
学生实训项目评价表		徐铭杰
附录 《商店建筑设计规范》(JGJ 48—2014)(节选)		陈松

本教材建议总学时为 120 学时，以实际项目为导向，在配有图形工作站电脑的室内设计工作室中进行实训。由于本教材内容以黑龙江省内建筑装饰行业实际项目为主，因此，具体授课内容应根据本地区实际情况进行增减并合理选择。

本教材与黑龙江国光建筑装饰设计研究院和哈尔滨博伊尚艺装饰工程有限公司共同编写，编写过程中得到哈尔滨职业技术学院教务处孙百鸣处长的指导，教材中的案例与图片由黑龙江国光建筑装饰设计研究院和哈尔滨博伊尚艺装饰工程有限公司提供，部分方案草图和电脑效果图由哈尔滨职业技术学院环境艺术设计专业学生提供，在此一并致谢。

商业空间设计涉及面广，种类繁多，由于本教材的侧重点和篇幅限制，在探索过程中编写难度较大，限于编者水平，教材中难免有不足之处，请专家和同行批评指正。

编 者
2014 年 5 月

目录

编写说明

前言

项目一　服装专卖店设计　001

子项目1　项目调研　003
　　一、学习目标　003
　　二、项目实施步骤　003
　　三、知识链接　003
　　四、项目检查表　006
　　五、项目评价表　007
　　六、项目总结　007
　　七、项目实训　007

子项目2　服装专卖店总括方案设计　008
　　一、学习目标　008
　　二、项目实施步骤　008
　　三、知识链接　008
　　四、项目检查表　014
　　五、项目评价表　015
　　六、项目总结　015
　　七、项目实训　015
　　八、参考资料　015

子项目3　服装专卖店室内设计　016
　　一、学习目标　016
　　二、项目实施步骤　016
　　三、知识链接　016
　　四、项目检查表　033
　　五、项目评价表　033
　　六、项目总结　034
　　七、项目实训　034
　　八、参考资料　034

子项目4　服装专卖店店面设计　035
　　一、学习目标　035

目录

二、项目实施步骤	035
三、知识链接	035
四、项目检查表	047
五、项目评价表	048
六、项目总结	048
七、项目实训	048
八、参考资料	048

项目二　化妆品专卖店设计　　050

子项目1　项目调研　　052

一、学习目标	052
二、项目实施步骤	052
三、知识链接	052
四、项目检查表	059
五、项目评价表	060
六、项目总结	060
七、项目实训	060

子项目2　化妆品专卖店总括方案设计　　061

一、学习目标	061
二、项目实施步骤	061
三、知识链接	061
四、项目检查表	070
五、项目评价表	071
六、项目总结	071
七、项目实训	071
八、参考资料	071

子项目3　化妆品专卖店室内设计　　072

一、学习目标	072
二、项目实施步骤	072
三、知识链接	072
四、项目检查表	082
五、项目评价表	082
六、项目总结	083

目录

七、项目实训	083
八、参考资料	083

子项目4　化妆品专卖店店面设计　084

一、学习目标	084
二、项目实施步骤	084
三、知识链接	084
四、项目检查表	091
五、项目评价表	091
六、项目总结	092
七、项目实训	092
八、参考资料	092

项目三　商场美陈设计　093

子项目1　项目调研　095

一、学习目标	095
二、项目实施步骤	095
三、知识链接	095
四、项目检查表	096
五、项目评价表	097
六、项目总结	097
七、项目实训	097

子项目2　商场美陈总括方案设计　098

一、学习目标	098
二、项目实施步骤	098
三、知识链接	098
四、项目检查表	105
五、项目评价表	105
六、项目总结	106
七、项目实训	106
八、参考资料	106

子项目3　商场中庭美陈设计　107

一、学习目标	107

目录

二、项目实施步骤	107
三、知识链接	107
四、项目检查表	114
五、项目评价表	115
六、项目总结	115
七、项目实训	115
八、参考资料	115

子项目4　商场店面美陈设计　　116

一、学习目标	116
二、项目实施步骤	116
三、知识链接	116
四、项目检查表	119
五、项目评价表	119
六、项目总结	120
七、项目实训	120
八、参考资料	120

商业空间设计项目案例　　121

案例1　哈尔滨香坊万达商场美陈设计　　121

一、商场背景	121
二、哈尔滨香坊万达商场新年美陈设计	121
三、哈尔滨香坊万达商场夏季美陈设计	125

案例2　哈尔滨秋林公司圣诞节美陈设计　　127

一、商场背景	127
二、哈尔滨秋林公司圣诞节美陈设计	127

学生实训项目评价表　　129

附录　《商店建筑设计规范》（JGJ 48—2014）
　　　　　（节选）　　131

参考文献　　142

项目一　服装专卖店设计

服装专卖店整体项目实施计划表	
一、项目导入	
（一）项目名称	品牌服装专卖店
（二）项目背景	此项目为品牌服装专卖店设计项目（服装专卖店品牌根据实际项目拟定），位于商业区一层临街店铺，专卖店营业面积约为200m^2，层高4m，根据品牌及顾客对象特点完成室内装饰方案设计
（三）项目图纸	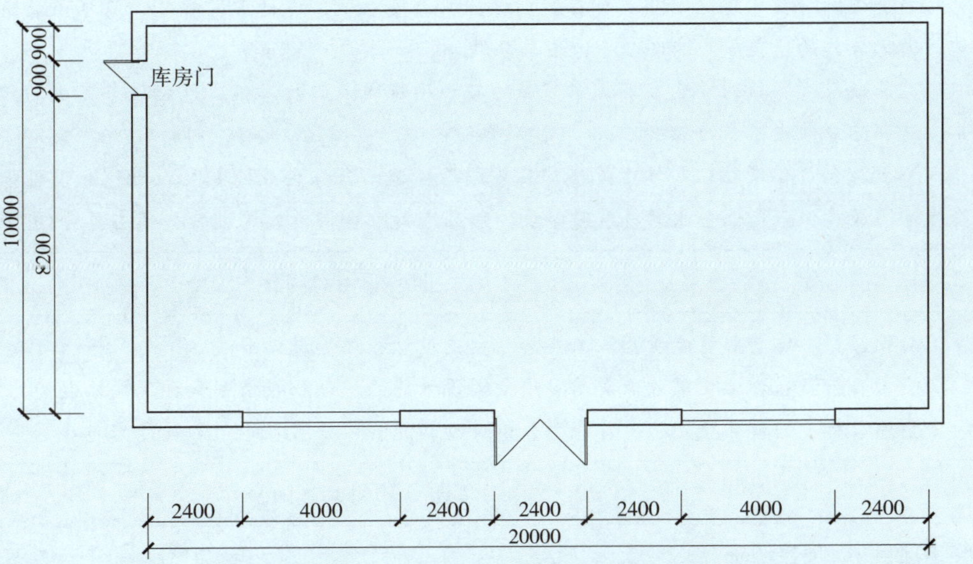 （平面图：总长20000，分段2400、4000、2400、2400、2400、4000、2400；总宽10000，分段900、9200；库房门）
二、项目分析	
（一）设计要求	（1）风格定位：设计要根据该品牌的特点和风格进行定位，装修以中高档为主。 （2）功能设计：功能划分要考虑专卖店功能划分的特点，合理安排服装展示、销售、收银、休息、通道的区域，符合防火、安全标准。 （3）考虑建筑本身的通风、水暖、电气的位置和走向，考虑建筑结构。 （4）建筑主体的改动要符合建筑规范
（二）项目成果要求	（1）手绘草图：服装专卖店平面布置草图1张、立面设计草图1～3张、透视草图1～2张（A4幅面）。 （2）电脑施工图：服装专卖店平面布置图1张、天棚平面图1张、地面铺装图1张、立面图1～3张、节点图1～2张（A3幅面）。 （3）电脑效果图：服装专卖店不同视角效果图2张（A3幅面）

（三）项目实施要求	（1）要求学生分组合作，自主完成，作品要有自己的创意。 1）班级分组，以团队合作的形式共同完成项目，建议4～5人为一组，每个小组选出1名组长，负责项目任务的组织与协调，带领小组完成项目。小组成员需要独立完成各自分配的任务，并保证设计方案的整体性。（后附班级分组表） 2）每个小组完成最为完善的设计方案，并制作整套图纸。选出1名组员负责方案的讲解和答辩。 （2）建筑结构、辅助设施在符合建筑规范的基础上进行有限度的改动。 （3）布局和功能合理，设计风格符合企业特点。 （4）手绘草图结构准确、设计思路表达清楚；电脑效果图构图完整、比例关系准确、场景表现效果良好；施工图符合制图规范要求，尺寸标注清晰准确，材料标注详细、使用合理。

三、项目考核方式

（1）过程考核。通过小组成员在实训过程的态度表现，进行考核评分，包括出勤情况、完成任务的效率和质量、团队合作的情况等。这部分分值占总分的40%。

（2）成果考核。对学生在实训中完成的整套项目成果进行考核，包括任务完成的作品质量、方案陈述的情况等。这部分分值占总分的50%。

（3）综合评价考核。在学生最终作品完成后，邀请合作企业的相关人员，如设计师、工程技术人员与专业评价教师团成员，以行业企业的标准对学生的作品进行综合评价。这部分分值占总分的10%。

四、学习总目标

知识目标：掌握服装专卖店基本概念、室内设计程序和设计方法。
能力目标：培养学生服装专卖店室内空间设计能力、电脑效果图和施工图绘制能力、设计表现能力。
素质目标：培养学生团队合作能力、设计创新能力、语言表达与沟通能力

五、项目实施内容

子项目1　项目调研	4课时
子项目2　服装专卖店总括方案设计	4课时
子项目3　服装专卖店室内设计	20课时
子项目4　服装专卖店店面设计	12课时

子项目1　项目调研

一、学习目标

（一）知识目标

（1）掌握服装专卖店项目调研客户的方法，调查客户背景资料。

（2）掌握服装专卖店现场勘查的方法。

（3）掌握调查表的编制方法。

（4）掌握服装专卖店原始现场资料的收集方法。

（二）能力目标

（1）培养学生设计调查能力。

（2）培养学生施工现场测量能力。

（3）培养学生资料收集整理能力。

（三）素质目标

（1）培养学生团队合作能力。

（2）培养学生沟通能力。

（3）培养学生独立解决问题能力。

二、项目实施步骤

（一）客户调研

派专人联系客户，进行沟通交流，初步了解该单位的基本信息和装修情况，并了解客户的基本装修意图，在客户许可的情况下，调查专卖店及经营商品的品牌背景，做好记录，并约定现场勘测的时间。准备好客户调查表，了解甲方详细的装修意向，并交流初步的设计意图。

（二）现场调研

准备卷尺、纸、笔，在约定时间到专卖店现场调研，做好调研记录。通过调研了解现场的建筑结构、水电通风及消防管线等，对专卖店内外环境、交通人流等进行分析，并测量室内详细尺寸，画出测量草图。用照相机、录像机拍摄室内外空间环境和细节，记录影像资料。

（三）收集整理调查资料

各小组分工，根据客户调研和现场调研的资料和数据，收集整理调研所得的资料和数据。同时对现场测量的尺寸草图进行复尺，用CAD画出原始平面图。收集与服装专卖店设计项目有关的设计素材，作为进一步设计的参考。

三、知识链接

（一）服装专卖店项目调研内容

1. 客户调研

（1）服装品牌调研。品牌服装专卖店一般只代理和销售一种品牌的服装产品，专卖店通常是由生产商或与生产商有亲密关系的公司创办经营的，目的不仅是获取利润，而且还要宣传自己的服装品牌形象，如ONLY服装专卖店、BALENO服装专卖店等，因此，调查专卖店的品牌背景信息十分重要（图1-1）。

图1-1　部分服装品牌标志

1）了解品牌持有企业的信息。在着手进行服装专卖店装饰设计之前，了解品牌所在的企业背景对设计构思具有重要作用。作为宣传手段，品牌服装专卖店往往要体现企业的形象和企业的实力。在调查过程中，需要了解企业的性质，是国内还是国外品牌，在国内生产还是国外生产，企业的主打产品是什么，企业开设服装专卖店的意图是什么等。通过全面了解企业信息，才能理解服装专卖店所包含的企业文化、产品营销、设计风格等内涵，提高设计效率。

2）了解品牌的社会知名度。品牌知名度是指潜在购买者认识到或记起某一品牌是某类产品的能力。它涉及产品类别与品牌的联系。品牌在社会上的知名度会影响到该品牌产品的销售和市场占有率。

品牌的知名度一般分为3个层次。最低层次是品牌识别，消费者能够说出他所知道的品牌。品牌识别是品牌知名度的最低水平，但在购买者选购品牌时却是至关重要的。中间的层次是品牌回想，是指消费者在购买商品时，往往会回想该商品的各个品牌，并确定其中的3～4个品牌，能够想到的第一个品牌往往会优先选择。品牌回想往往能左右潜在购买者的采购决策。最高层次是第一提及知名度，消费者能想到的第一个品牌名称已经达到了铭记在心的程度，这意味着该品牌在人们心目中的地位高于其他品牌，该品牌的社会知名度非常高，影响范围大。

品牌服装专卖店的主要作用是帮助企业进行产品推广和营销，如果品牌知名度有限，专卖店必然要突出卖场的品牌特色和产品优势，进行不遗余力的宣传，卖场空间设计会比较张扬；如果品牌的知名度很高，仅通过品牌标志就可以达到宣传目的，卖场的设计会比较低调。

3）了解品牌的产品范围。品牌的产品范围一般包括两个方面：首先，同一个品牌会有一线、二线甚至三线产品，档次也会分成高、中、低档；其次，同一个品牌下会生产多种产品，例如皮尔·卡丹品牌的服饰，除西装类的正装外，还有休闲装、腰带、背包等相关产品。

服装专卖店的销售范围会根据自身特点、消费受众进行拓展或限制。有些品牌服装专卖店也不仅仅是销售服装，和服装相关的同品牌领带、围巾、腰带、鞋等都会搭配出售；而另一些品牌服装专卖店销售商品仅局限于男装、女装或童装。例如，柒牌专卖店只销售男装，而阿依莲专卖店一般只销售女装。

4）了解品牌的文化内涵。品牌文化，指通过赋予品牌深刻而丰富的文化内涵，建立鲜明的品牌定位，并充分利用各种强有效的内外部传播途径形成消费者对品牌在精神上的高度认同，创造品牌信仰，最终形成强烈的品牌忠诚。拥有品牌忠诚就可以赢得顾客忠诚，赢得稳定的市场，大大增强企业的竞争能力，为品牌战略的成功实施提供强有力的保障。

品牌的文化内涵应该包含3个方面：引人入胜的故事、品牌理念的号召力、文化内涵的凝聚力，实质上也就是品牌的文化价值和心理价值。品牌文化的核心是文化内涵，具体而言是其蕴含的深刻的价值内涵和情感内涵，也就是品牌所凝练的价值观念、生活态度、审美情趣、个性修养、时尚品位、情感诉求等精神象征。

品牌文化是企业经营理念在品牌中的重要体现，它的内涵包括了企业经营理念的各个方面。而企业的经营理念又是企业在长期的生产经营过程中形成的，是为企业全体员工所认可的企业精神、经营哲学、价值观念、行为准则和审美理念的总和。

了解品牌的文化内涵，就能够理解企业的经营理念、营销模式、价值观念，将企业的文化融入到专卖店的设计中，体现专卖店的风格与个性。

（2）市场定位。市场定位是指企业根据竞争者现有产品在市场上所处的位置，针对顾客对该类产品某些特征或属性的重视程度，为本企业产品塑造与众不同的、印象鲜明的形象，并将这种形象生动地传递给顾客，从而使该产品在市场上确立适当的位置。

市场定位所依据的原则有以下4点。

1）根据具体的产品特点定位。构成产品内在特色的许多因素都可以作为市场定位所依据的原则，例如所含成分、材料、质量、价格等。如一件高档水貂皮大衣的市场定位主要是面向高消费人群，体现雍容华贵的气质；而仿皮服装的市场定位则应该针对年轻人，突出现代、时尚、多变的特点，价格适中，款式新潮。

2）根据特定的使用场合及用途定位。为老产品找到一种新用途，是为该产品创造新的市场定位的好方法。例如棉质面料中加入涤纶等化纤材料制成的服装，在保持棉质面料柔软舒适的同时，增加了耐磨、抗皱、不易缩水的新特性，这种混纺面料的服装因此赢得了消费者的认可。

3）根据顾客得到的利益定位。产品提供给顾客的利益是顾客最能切实体验到的，也可以用作定位的依据。品牌服装也可以根据服装的特殊功能进行定位，例如现在不少商家推出的具有保暖功能的衬衫既具有衬衫的笔挺舒适性，又具有较好的保暖作用。

4）根据使用者类型定位。企业常常试图将其产品指向某一类特定的使用者，以便根据这些顾客的看法塑造恰当的形象。例如金利来服装品牌的消费群定位于年轻进取、富有活力、坚毅、睿智、崇尚个性的新白领阶层，全新塑造高雅气派的男人世界。

（3）营销方式。根据市场需要组织生产产品，并通过销售手段把产品提供给需要的客户，这一活动被称作营销。营销方式即指营销过程中可以使用的方法，包括服务营销、体验营销、知识营销、情感营销、教育营销、差异化营销、直销、网络营销等。服装专卖店设计、要了解服装专卖店的营销方式，进行有针对性的设计。

（4）功能要求。设计前，还要了解专卖店对卖场服装展示、存储、客户接待、收银等分区功能的要求，具体的服装展台、展柜、橱窗、店面的功能设计及其他的一些特殊功能要求，这部分需要与甲方深度沟通，对甲方的要求了解越细致越好。

2. 现场调研

（1）服装专卖店环境调研。环境对商业场所的影响较大，处在繁华的商业区，顾客自然比较多，但在商铺林立的环境下，如何利用商品特色及设计创意吸引顾客，难度较大；而在非商业区开设专卖店，则需要考虑怎样通过环境设计进行宣传。另外，专卖店所处的道路交通、人流动线、门口朝向、附近店铺等都是环境调研需要考虑的。

（2）服装专卖店建筑结构调查。通过现场调查，感受室内空间尺度的关系，了解建筑结构，并测量室内详细尺寸，画出测量草图。测量草图要标明室内空间的平面尺寸、梁柱尺寸、天棚、门窗高度等详细的原始数据。用照相机、录像机拍摄室内外空间环境和细节，记录影像资料。

（3）服装专卖店管线结构调查。专卖店是一个营销场所，对电气、消防、通风要求都较高，要保证专卖店运营的安全性和舒适性。现场调查需要了解管线布局、强弱电控制开关、消防喷淋、上下水管线、通风管道等，调查时要考虑怎样在设计中解决这些问题。

（二）服装专卖店项目调研方法

1. 现场测量

现场测量常用方式有目测、步幅测量、卷尺测量、激光测距仪测量。其中目测和步幅测量是估计大概的尺寸，卷尺测量、激光测距仪测量则是获取精确尺寸数据。

（1）测绘工具。卷尺、电子测绘仪、水笔、绘图和照相机。

（2）原始建筑资料信息。建筑的原始结构，功能区域图纸及照片。

（3）测绘重点。在测绘时，层高和细节立面容易被忽视，要特别注意。

（4）窗尺寸的标注方式。窗台高度尺寸，窗体本身的高度尺寸，窗顶部到楼板底的尺寸。

（5）梁和楼板的标高方式。楼板下的标高符号和净尺寸的标注方式，是以衡量的标高符号与标注相对应楼板标高的相对尺寸为净尺寸。

（6）水管和地漏的标注方式。标注水管的原始走向节口，分水管沿墙壁的走向尺寸。测量地漏下水通道位置，检查出水量。

（7）电路测量。了解总电源进口线路及电路分支线的功能分布。

（8）资料收集。收集设计所需要的资料，包括业主的要求、功能分布、设计中的必要元素、设计尺寸数据等。

2. 建筑内外环境考察与分析

（1）建筑地理位置。用来研究该建筑与其他建筑之间的设计关系。简单地把建筑感觉速写下来、品味建筑的设计、把握建筑的特征是考察现场的重要工作之一。

（2）建筑周边人流分析。察看主要车流、人流方向，避免建筑出口与其产生交叉，形成障碍，同时也可考虑把广告或标志性构造设置在视线较好的位置。

对周边环境的分析可以知道建筑的优势和劣势，通过设计来调整这些客观条件，帮助解决问题，达到最好的商业条件。

（3）建筑内外部重点处理区域与非重点区域分析。划分主要设计区域，分析设计空间中主要的视线较好的区域，或者与外界景观空间联系密切的空间区域，对于这些重点空间区域将布置重要的功能空间，使不同的功能空间具备最理想的位置，为下阶段设计打下基础。

（4）建筑内外光照分析。用来查看建筑的受光时间和对内空间的影响，区分室内空间阴暗潮湿区域，把展示的重要部分布置在阳光充足的区域。

3. 洽谈沟通

（1）创造良好的沟通氛围。在交谈的初期，尤其是当我们面对陌生人时，常常处于不知从何谈起的尴尬境地，就算谈话的对象是我们熟悉的人，也不知道该如何直截了当地开口。为了使谈话能够顺利，营造一个轻松、自然的谈话环境是至关重要的。谈话的主要一方要时刻想着如何来激发对方的谈话兴趣。例如，社会上的焦点问题，在某种程度上可以激发谈话者的兴趣，常常会很快地拉近与陌生人之间的距离，使交谈得以顺利进行。为了避免交谈出现中断的现象，我们必须从交谈一开始，就尽可能从对方谈话的细枝末节中，掌握各方面的基本情况。

（2）在信任的基础上进行沟通。有效的沟通建立在信任的基础上。沟通双方要达到相互信任，合作的态度必不可少。所谓合作态度，就是双方都能够主动承担自己的责任与义务，能够敢于"互相托付"。客户之所以能够将自己的装修项目交付设计师，也是建立在信任的基础上的。因此在前期的交流中，认真准备、真诚合作，加强客户对自己的信任非常必要。

（3）沟通要有较强针对性。洽谈的目的是加强对项目的了解，为设计方案提供资料和依据，也是为进一步的合作打下基础。洽谈时要针对实际问题进行讨论和沟通，就前期制定设计方案时可能会出现的问题尽量与客户进行比较充分的交流，提高设计工作的效率。

四、项目检查表

项目检查表				
实践项目	服装专卖店设计项目			
子项目	服装专卖店项目调研	工作任务	服装专卖店施工现场调研	
检查学时	0.5 学时			
序号	检查项目	检查标准	组内互查	教师检查
1	调研工具	是否齐全		
2	服装专卖店现场测绘图纸	是否准确		
3	服装专卖店调研记录	是否详细		
4	服装专卖店调研报告	是否完整		
检查评价	班级		第　组	组长签字
	小组成员签字			
	评语：			
	教师签字		日　期	

五、项目评价表

项目评价表						
实践项目		服装专卖店设计项目				
子项目	服装专卖店项目调研		工作任务		服装专卖店项目调研	
评价学时			1学时			
考核项目	考核内容及要求	分值	学生自评（10%）	小组评分（20%）	教师评分（70%）	实得分
客户调研	调查内容详细、完整	25				
现场调研	测量尺寸准确、细节调查全面	25				
资料收集	相关资料收集完整	15				
完成时间	3课时时间内完成，每超时5min扣1分	15				
小组合作	能够独立完成任务得满分	20				
	在组内成员帮助下完成得15分					
	总分	100				
项目评价	班级			姓名		学号
	第 组		组长签字			
	评语：					
	教师签字			日期		

六、项目总结

无论是在学校进行项目实训还是毕业后从事装饰设计工作，项目调研是整个设计程序的第一步，也是开展项目设计不可缺少的一环。项目调研的主要目的是通过调研了解该项目的现场环境、建筑结构数据、甲方要求等，为项目设计提供依据。调研之前要做好准备工作，将测量工具、笔、纸、数码相机等都带齐全，做好调研计划和分工；现场测量时要详细，空间尺寸、建筑结构、各种管线要完整记录。最后，要将调研收集到的资料进行归纳整理，画出现场的原始平面图，并作好项目调研报告。

七、项目实训

（1）调查服装专卖店现场，并测量建筑尺寸。
（2）与客户进行洽谈沟通，了解客户设计要求。

子项目2 服装专卖店总括方案设计

一、学习目标

（一）知识目标
（1）熟悉服装专卖店方案策划流程。
（2）掌握服装专卖店的人体尺度。
（3）掌握服装专卖店的设计方法。

（二）能力目标
（1）培养学生资料整合能力。
（2）培养学生方案策划能力。

（三）素质目标
（1）培养学生设计创新能力。
（2）培养学生独立自主能力。
（3）培养学生团队意识。

二、项目实施步骤

（一）根据现场测量尺寸绘制原始平面图
根据现场勘测的图纸和尺寸数据，用CAD软件按1：1的比例绘制建筑的原始平面图，作为方案设计的基准图纸。

（二）制定初步设计方案
根据前期的现场勘测、客户调查、市场调查和原始平面图纸，收集相关设计参考资料，初步制定空间平面规划方案，制定风格、色彩、材料、家具等样式。

采用画圈圈的画图方式简单地在图纸上体现功能空间在建筑中的大概位置和相互间的程序关系。确定功能在建筑空间中的位置，简单划分主次关系、动静区域，注意人流关系和采光效果。

（三）绘制专卖店平面规划草图
根据初步的设计方案，对服装专卖店的平面布局进行总体的规划，按照服装展示、存储、销售、接待、交通等功能确定专卖店各部分大致的位置。

进一步划分墙体隔断，逐步融合基本空间尺寸和尺度，使其符合功能化的布局。进一步分析各功能空间之间的逻辑关系以及各空间的采光、通风、人流等其他设计因素，简单设想空间细部的处理方式。注意平面构成中墙与墙之间的关系，空间与空间之间的联系，使墙与空间的关系达到几何美学的要求，形成视觉上的美观。

三、知识链接

（一）服装专卖店的概念
专卖（monopoly）的英文原意是垄断、独占，是指业主独占某商品的经营、生产、销售权，使该品牌在市场上具有很强的独立性，从而垄断该品牌的销售。服装专卖店是专门经营或授权经营某一主要品牌服装（制造商品牌和中间商品牌）为主的专营店。

2000年5月19日，国家技术监督局发布了国家标准GB/T 18106—2000《零售业态分类》，该标准定义专卖店（exclusive shop）为专门经营或授权经营制造商品牌和中间商品牌的零售业态，并总结了专卖店业态结构特点为如下7条：①采取定价销售和开架面售，亦可开展连锁经营；②商品结构以企业品牌为主，销售体现量少、质优、高毛利的特点；③注重品牌声誉，从业人员必须具备丰富的专业知识，并提供专业知识服务；④选址在繁荣商业区、商店街或百货店、购物中心内；⑤商圈范围不定；⑥营业面积根据经营商品的特点而定；⑦目标顾客以中青年为主，商店的陈列、照明、包装、广告讲究。

现今，服装专卖在市场上主要有店中店的专卖店和单独店面的专卖店两种表现形式。从市场实际情况看，单独店面的服装专卖店已经成为最重要的零售渠道。因此，服装专卖店作为消费者最直接的沟通渠道，通过专卖店外观和室内空间设计来衍生出服装品牌形象，承载着服装品牌的立面与平面效果，演绎着服装企业文化的精髓和内涵，担负着服装品牌价值的实现职责。

（二）服装专卖店设计的概念
服装专卖店设计是一种创造性的视觉与空间艺术，

是视觉营销的一个重要组成部分。在服装品牌文化的主线条下，通过对服装终端卖场通道的规划、产品的摆放、橱窗、模特、道具、灯光、POP海报、音乐等精心的设计来促进服装的销售及品牌文化的传播。它融合了视觉艺术、空间设计、人体工程学、心理学和营销管理等多方面的内容，是一门涉及范围相当广泛的综合性新兴边缘学科。

服装专卖店设计是服装转化为利润的助燃剂，它与陈列形成有趣的、多元的艺术组合创作。对于品牌服装企业而言，它更是一道至关重要的系统性工程。它始终要以品牌的商业需求为出发点，以艺术创意为手段，来表现服装产品的实力，达到服装销售的目的。

（三）服装专卖店设计的起源和发展历程

在服装店主们还没有意识到商品展示的重要性时，服装只是被简单地堆在桌子上，直到19世纪末期，英国裁缝沃斯将设计好的作品挂放在时装店内，充分引起消费者的注意，从那时起，服装的展示才开始受到人们的关注。试想如果沃斯将自己的服装作品收藏起来，又怎么会打动消费者的心，取得他服装事业上的巨大成功呢？显然不可能，这也正体现了展示所能带来的无可替代的作用，也就是从那时起，掀开了服装展示发展的第一页。

20世纪初，玻璃橱窗取代了仓储式的商店布置。20世纪30年代以后，随着近现代商业的繁荣，服装的陈列展示逐渐发展成为一门创造性的视觉与空间艺术，其涵盖内容也大大超出了传统的"陈列"范畴。专卖店色彩设计、橱窗设计、陈列策划、模特摆放、道具安排、光线设计、POP广告等服装专卖店的所有视觉要素构成了一个综合而初具规模的服装展示体系。

服装专卖店设计与陈列在欧美发达资本主义国家已经经历了大约100多年的历史，对于我国来说仍是一个较新兴的课题。近些年来，我国的服装企业也逐渐开始了解并积极探索服装专卖店设计与陈列在整个营销价值体系中的作用。它的发展标志着新型服装商品商业经营时代的到来，也许它不可以替代一切促销手段来解决商家的所有问题，但事实证明它已经成为一种体现时尚气质、人文进步的表现，更是各大品牌服装商家们在服装品质竞争基础上抢夺市场的一种更高级手法。

（四）服装专卖店的种类

服装专卖店的种类比较多，在设计中，必须了解自己所设计的专卖店的性质和特点，才能有针对性地设计，提高设计效率。

1. 从店铺的类型划分

以下从不同的角度对服装店铺进行分类。

（1）按消费者特征划分：男装店、女装店、童装店、孕妇服装店。

（2）按服装穿着划分：内衣店、服饰店、鞋帽店。

（3）按服装成品类型划分：高级成衣店、成衣店、定制加工店。

（4）按商品价格划分：顶级奢侈品牌店、高档时装店、中档服装店、低档服装店。

（5）按服装款式划分：西式时装店、中式服装店、其他地区特色服装店。

（6）按服装经营结构划分：综合商品店、单一商品店。

（7）按服装经营方式划分：单店经营店、连锁经营店、集团化经营店。

2. 从店铺经营模式划分

以商业经营模式作为店铺特点分析的依据，针对品牌服装零售的商业规律，借鉴西方服装品牌零售店铺的特点，把服装店铺各种类型特点总结如下。

（1）旗舰店。

1）概念。旗舰店一词来自欧美大城市的品牌中心店的名称，其实就是城市中心店或地区中心店，一般是某商家或某品牌在某地区繁华地段规模最大、同类产品最全、装修最豪华的商店，通常只经营一类系列产品或某一品牌的产品。

2）特点。

·品牌零售店铺中面积最大的店铺。

·销售品牌产品类别最全的店铺。

·店内装修与陈设最具时尚和品牌文化的代表性。

·对同一品牌其他零售店铺具有示范效应。

(2)零售加盟店。

1)概念。加盟店指那些专门经营销售特定商品的商店,这些商品具有极强的关联度,或者是同一个品牌的商品,或者是一个系列专门的商品。加盟店一般非常讲究店面装饰,给人以精致、形象统一的感觉。

2)特点。

· 店铺设计风格与品牌标准店一致。

· 橱窗展示和产品陈列方案由加盟品牌提供资料。

· 店内海报和宣传道具由加盟品牌提供资料。

(3)折扣店。

1)概念。以销售自有品牌和周转快的商品为主,限定销售品种,并以有限的经营面积、装修简单的店铺、有限的服务和低廉的经营成本,向消费者提供"物有所值"的商品为主要目的的零售业态。

2)特点。

· 过季或者号型不全的商品集中售卖的店铺。

· 店面明确标注有"打折店"的说明。

· 店内装修和装饰相对其他零售店要简单。

(4)概念店。

1)概念。"概念店"这个词源于欧美,流行于日本,用来形容那些风格独特、创意鲜明的店铺。概念店采用全程顾问销售模式,根据顾客的需求,为其介绍、推荐量身定做的配套产品。

2)特点。

· 以展示品牌(设计师)的最新设计作品为主。

· 以展示设计理念为目的。

· 店铺设计体现个性和设计理念。

· 代表品牌或设计师的产品流行趋势方向。

(5)批发店。

1)概念。相对于零售店而言,主要从事大宗服装销售,为零售店提供货源。

2)特点。

· 主要面对零售商、批发商以及少量零售顾客的空间。

· 一般会位于相对集中的街区和商场。

· 店铺内以展示和库房空间为主,一般不设计试衣间。

(五)服装专卖店设计的目的

专卖店设计与陈列的最直接目的自然是对产品价值进行宣传,更好地把更多的服装卖掉,也就是促进提高服装的销售额度,其次才是提升品牌内涵、宣传品牌文化等。

1. 展示服装的长处,更好地抓住消费者的目光

通过服装专卖店的形式对品牌服装进行展示售卖,无疑是一种最直观的展示宣传方式。通过对色彩、造型、道具和整体氛围等具体要素的组合运用,不断地定期陈列出样,更换服装产品的摆放形式,可以更好地凸显服装的长处。而正在游走的消费者只有从视觉上看到了自己中意的服装,才会驻足去做进一步的了解,因而极力做好服装专卖店的设计与陈列是为了让品牌服装在抓取消费者的目光上更胜一筹。

2. 进一步增强品牌力,提高服装产品的附加值

我们知道,品牌服装专卖店作为最终的销售终端,不仅是一个简单的服装销售场所,同时也扮演了宣传品牌和促使品牌深入人心的重要角色。品牌服装专卖店的合理有效设计与陈列,能够赋予服装产品特定的品牌文化与形象内涵,拉近品牌文化与消费者的距离,并加深消费者对本服装品牌的印象与信赖程度,从而提高服装产品的附加值,使品牌企业获得更高的利润,更进一步增强企业在市场上的竞争能力。

3. 缔造完美的终端形象,增强顾客的实际购买欲望

而今消费者的消费心理已经不同往日,已经不再是低要求地简单地把服装买走了事。随着时代的发展和商品竞争的愈演愈烈,消费者的眼光变得越来越挑剔,对购物环境和购物方式的要求也越来越高。那么服装专卖店的设计与陈列就显得相当重要了,成功的服装专卖店设计与陈列正是为消费者提供一个优雅舒适的消费场景。良好的专卖店设计与陈列,专卖店内灯光、器具、宣传品等的巧妙搭配,可以使服装产品的光纤、质地、色彩、风格特色等玲珑体现,从而能够从更多的角度更好地去说服顾客,使顾客更好地感知服装产品,从而增强顾客的购买欲望,提升品牌服装专卖店的销售额。

4. 维护品牌服装商家的信誉，更好树立品牌服装企业形象

令人耳目一新的服装专卖店设计与陈列对维护商家信誉而言，也是极其有利的一个砝码。服装品牌通过专卖店的形式进行推广，也就是说在每座城市最繁华的商业地带树立了一个自身的品牌形象，这种影响不言而喻。设计陈列得当的店堂可以让消费者更舒心地全方位感受本品牌的服装商品信息，加深对本品牌产品的印象，从而可以形成一定的潜在利润。与此同时，服装品牌终端店面的形象也从一个侧面代表反映着整个企业的品牌形象，孔雀开屏了，便会在消费者心中留下深深的烙印，从而为品牌的永续发展打好基础。

（六）服装专卖店设计的决定因素

1. 品牌定位

（1）品牌意义。在现代社会里，服装的功能已经不再是最基本的御寒、遮羞，而更多地体现在一种人文价值上。作为品牌营销，卖给消费者的不仅仅是一种物理概念上的商品，同时也是在推销一个品牌自身所特有的文化。

（2）品牌内涵。在品牌营销的概念下，不同的品牌定位决定了服装专卖店的设计与陈列方式，决定着如何上演与品牌相匹配的时尚剧。在各种元素组合而成的专卖店中，服装不是一件孤立的商品，而是这个时尚剧中的主角，其他的一切都要为烘托这个主角而服务，这个主角的定位也决定了其他所有因素的风格和配置状况。消费者在这个"剧场"中买走衣服，也一起带走了这个品牌的文化。

（3）品牌决策。正如美特斯·邦威总裁周成建所说的："正装的陈列更多体现在简约大方方面。休闲装的陈列要考虑到活跃的气氛，包括色彩的组合、产品的摆放等。美特斯·邦威属于休闲装系列，休闲装陈列最关键的是要突出色彩。"男装要通过设计陈列体现品牌的品位和档次，凸显其大气和精致，更讲究整体效果，主要讲究给消费者带来一种整体上的品位和氛围；女装则主要以展示服装产品为主，相对比较简约。可见服装品牌的定位决定着专卖店设计与陈列的形式。

2. 服装风格

（1）风格融合性。服装专卖店设计与陈列应该是与服装产品的设计风格融为一体的，品牌风格决定着我们要通过设计陈列的变换、色彩的组合，让消费者产生与之相协调的情绪感，是前卫、高贵，还是粗犷、自然等。

（2）风格表现力。例如，MARLBORO用原木加金属整体设计方式可以表现出品牌的粗犷性格；BOSS则选用精美的紫檀木制作货架，来展现它高贵典雅的风格；ESPRIT用大红色艳丽的背景和银灰色的金属货架来传达品牌的时尚前卫性等。

（七）服装专卖店设计的基本原则

1. 功能性

专卖店以销售为主要功能，同时兼有品牌宣传、商品展示的功能，具体到每个专卖店，要根据店面的形状和层高合理地安排人流动线、划分功能区，如果涉及方案对于这些功能起到了加强作用，就可以视为成功的设计，反之则是失败的设计。

2. 整体性

专卖店为了凸显在某个方面的专业性，在装修上需要强调整体感，可以做引导性的设计，店内各部分的设计在选材、色彩、风格和照明等方面都需要一致性，共同营造专卖店内的空间气氛，突出行业特性和品牌特征，展示陈列道具也要与专卖店的装修和商品的陈列相协调。

3. 经济性

专卖店的造价受所卖商品价值的影响，商品价值越高，相应的专卖店装修档次越高。专卖店的造价要与商品的价值相适应，因为顾客往往会根据专卖店的装修档次衡量商品的价格，如果用低档的装修展销高档的商品，不会有好的销路；反之用高档的装修陈列低档的商品，也会给顾客受骗的感觉。因此，好的设计方案应该通过合适档次的装修去衬托商品，而不是一味使用高档的装修。

4. 艺术审美性

设计的出发点源于美学，专卖店的设计需要满足特定人群的审美需要，从而营造良好的购物氛围，给顾客

带来美好的感受。店内的环境不仅要在物质层面上满足顾客实用度及舒适度的要求，同时还要最大限度地与视觉审美方面的要求相结合。

5. 环保性

现代社会对节能和环保越来越重视，崇尚健康、自然、节能、绿色、生态的趋势，也影响到建筑装饰行业。尊重自然、保护环境已成为设计理念之一。专卖店设计使用低污染、可回收、可重复使用的材料，采用低噪声、低污染的装修手法，低能耗的施工工艺，装修后的店内环境能够符合国家的标准，确保装修后的房屋不对人体健康产生危害。

6. 创新性

设计创新是专卖店设计的一个重要原则，特别是在繁华的商业区，富有创意的设计是专卖店得以在众多的店铺中脱颖而出，从而吸引顾客的重要条件。专卖店设计属于商业空间的设计范畴，商业空间设计是以满足客户的要求为第一原则，同时兼顾艺术性与经济性，结合技术创新，在空间限制中实现空间创造。

（八）服装专卖店设计的组成部分

1. 店面设计

店面设计代表着商场的外观形象（图1-2）。专卖店外观形象的风格和名称与品牌密切相关，大多数时候都是与品牌所属的行业和品牌本身的定位相一致的。店面设计包括以下5个方面：招牌设计、店门设计、橱窗设计（图1-3）、外部照明设计、壁面照明。

图1-2　服装专卖店店面设计

图1-3　服装专卖店橱窗设计

2. 卖场空间设计

卖场空间设计是专卖店室内设计的核心部分（图1-4），空间布局要以展示商品为中心，兼顾购买方便，空间布局合理，交通顺畅，引导性强。卖场空间主要包括收银区、陈列区、更衣室、休息区、储藏室5个部分。

图1-4　服装专卖店卖场空间设计

3. 商品陈列设计

商品陈列能将商品的外观、性能、特征和价格迅速地传递给顾客，由其自主比较、选择，可减少询问，缩短挑选时间，加速交易过程。商品陈列经过一系列艺术处理，能起到改善店容店貌、美化购物环境的作用（图1-5）。

4. 展示道具设计

展示道具主要指展架、展板、展柜、展台等各种陈列和装饰的用具，是进行展品陈列的物质和技术基础。

项目一　服装专卖店设计

图1-5　服装专卖店商品陈列设计

其功能和作用一方面有安置、维护、承托、吊挂、张贴等陈列品所必备的形式功能，同时也是构成展示空间的形象、创造独特视觉形式的最直接的界面实体（图1-6）。

5. 照明设计

良好的照明设计可以引导顾客进入专卖店，使购物场所形成明亮、愉快的气氛，可以使商品鲜明夺目、五光十色，引起顾客的购买欲望。由于光线强弱对购物环境影响极大，因此，现代专卖店非常重视运用照明设备来营造明快轻松的购物环境。

（九）服装专卖店的人体尺度

服装专卖店中的人体尺度，主要是人体和道具货架的尺度关系、人体和室内空间的尺度关系。专卖店中展示环境空间和展示道具的尺度是以人的高度和局部尺寸为依据的（图1-7、图1-8）。

图1-6　服装专卖店展示道具设计

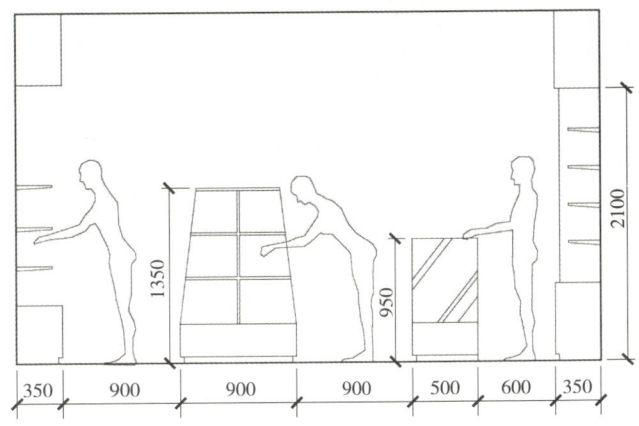

图1-7　专卖店货柜与通道人体尺度（单位：mm）

013

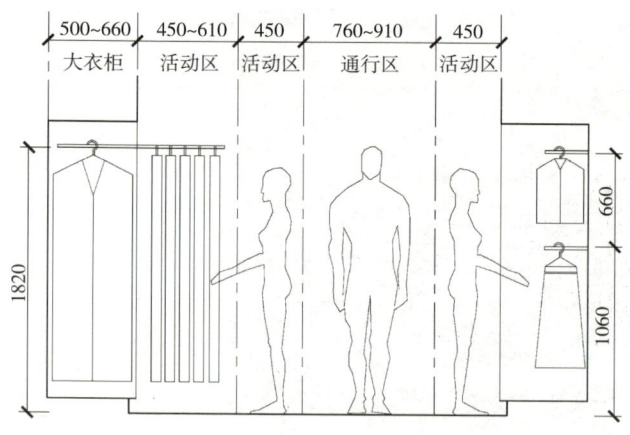

图1-8 专卖店售衣货架与通道人体尺度（单位：mm）

1. 服装专卖店的通道

专卖店空间中通道的宽度是以人流股数为依据的，每股人流以普通男性的肩宽48cm+12cm，即60cm计算。一般通道的宽度应允许8～10股人流通过，因而通道宽度应在4.8～6m；次要通道应允许4～6股人流通过，宽度应在2.4～3.6m；最窄处也应该可以有3股人流通过，宽度不低于1.8m，否则会造成人流拥堵。货架之间的最短距离不能少于1.2m，至少要允许两个人通过，最窄的货架间隔通道也不能少于1.2m。

2. 服装展示的高度

展示效果的黄金区段在顾客距离柜台70～80cm范围内，视平线高度向上10°至向下20°的范围区间。最佳展示高度在从地面向上60～150cm之间，低于60cm或高于150cm展示效果差，适合展示辅助商品。最适合顾客拿取商品的高度是从地面向上75～125cm之间，比较适合顾客拿取的高度是从地面向上60～150cm之间，高于或低于这个尺度都不利于销售。

四、项目检查表

项目检查表				
实践项目		服装专卖店设计项目		
子项目	服装专卖店总括方案设计	工作任务		服装专卖店空间规划设计
检查学时		0.5学时		
序号	检查项目	检查标准	组内互查	教师检查
1	服装专卖店现场尺寸复原图（CAD原始平面图）	是否详细、准确		
2	服装专卖店设计资料收集	是否齐全		
3	服装专卖店平面规划草图	是否合理		
4	服装专卖店设计构思	是否具有创意性、可实施性		
检查评价	班 级		第 组	组长签字
	小组成员签字			
	评语：			
	教师签字		日 期	

五、项目评价表

项目评价表						
实践项目	服装专卖店设计项目					
子项目	服装专卖店总括方案设计		工作任务		服装专卖店空间规划设计	
评价学时			1学时			
考核项目	考核内容及要求	分值	学生自评（10%）	小组评分（20%）	教师评分（70%）	实得分
设计方案	方案合理性、创新性、完整性	50				
方案表达	设计理念表达	15				
完成时间	3课时时间内完成，每超时5min扣1分	15				
小组合作	能够独立完成任务得满分	20				
	在组内成员帮助下完成得15分					
总分		100				
项目评价	班　级： 第　　组 评语： 教师签字		姓　名： 组长签字		学　号： 日　　期	

六、项目总结

服装专卖店的总括方案设计是着手进行方案设计的第一步。这个阶段主要是在前期项目调研的基础上，分析有关资料和信息，对设计方案进行总体考虑，通过空间规划，确定方案设计的大方向，包括专卖店的设计风格、空间人流动线组成、功能区域划分、色彩、材质及造型等。总括方案设计对后面的具体设计有重要的指导作用，只有整体的方案确定了，才能进行深入的设计，后续的工作才能顺利进行。

七、项目实训

（1）用CAD软件复原现场测量建筑空间尺寸。

（2）进行专卖店平面规划。

（3）专卖店空间设计方案策划。

八、参考资料

（一）图书资料

（1）涂强.商业卖场设计教程.重庆：西南师范大学出版社，2013.

（2）肖友民.商业空间设计.北京：清华大学出版社，2012.

（3）张绮曼，郑曙旸.室内设计资料集.北京：中国建筑工业出版社，1991.

（二）网络资料

中国商业展示网 http：//www.zhongguosyzs.com/channel/15263287。

子项目3 服装专卖店室内设计

一、学习目标

(一)知识目标
(1) 掌握服装专卖店陈列设计方法。
(2) 掌握服装专卖店室内照明设计方法。
(3) 掌握服装专卖店施工图绘制方法。
(4) 掌握服装专卖店效果图表现方法。

(二)能力目标
(1) 培养学生的快速设计表现能力。
(2) 培养学生电脑施工图绘制能力。
(3) 培养学生电脑效果图绘制能力。

(三)素质目标
(1) 培养学生设计创新能力。
(2) 培养学生团队合作能力。
(3) 培养学生自主学习能力。

二、项目实施步骤

(一)方案草图绘制
根据前期方案策划所确定的设计思路,将服装专卖店各个分区的设计方案用快速表现的方式绘制出来,并作为电脑施工图和电脑效果图制作的依据。

(二)电脑施工图绘制
依照现场的原始图及设计方案草图,绘制专卖店的平面布置图、天棚平面图、墙立面图、展示家具详图、施工节点图等。

(三)电脑效果图绘制
在3ds Max里导入平面图,根据设计方案,选取合适的角度,制作服装专卖店各空间电脑效果图。

三、知识链接

(一)服装专卖店的空间布局
在布置服装专卖商店店面时,要考虑多种相关因素,诸如空间的大小、种类的多少、商品的样式和功能、灯光的排列和亮度、通道的宽窄、收银台的位置和规模、电线的安装及政府有关建筑方面的规定等。另外,店面的布置最好留有依季节变化而进行调整的余地,使顾客不断产生新鲜和新奇的感觉,激发他们不断来消费的愿望。一般来说,专卖商店的格局只能延续3个月时间,而每月变化已成为许多专卖店经营者的促销手段之一。

服装专卖店的空间格局复杂多样,各个经营者可根据自身实际需要进行选择和设计。一般是先确定大致的规划,例如营业员的空间、顾客的空间和商品空间各占多大比例,划分区域,尔后再进行更改,具体地陈列商品。

1. 商店的3个空间

专卖商店的种类多种多样,空间格局五花八门,似乎难以找出规律性的空间分割来。实际上,它不过是3个空间组合变化的结果,这3个空间就是:商品空间、店员空间、顾客空间。这3个空间对于专卖商店的空间格局关系密切。

(1) 商品空间。指服装陈列的场所,有箱型、平台型、架型等多种选择。

(2) 店员空间。指店员接待顾客和从事相关工作所需要的场所。有两种情况:一是与顾客空间混淆;二是与顾客空间分离。

(3) 顾客空间。指顾客参观、选择和购买商品的地方,根据商品不同,可分为店外、店内和内外结合3种形态。

2. 商店空间格局的4种形态

依据商品数量、种类、销售方式等情况,可将3个空间有机组合,从而形成专卖商店空间格局的4种形态。

(1) 接触型商店。商品空间毗邻街道,顾客在街道上购买物品,店员在店内进行服务,通过商品空间将顾客与店员分离。

(2) 封闭型商店。商品空间、顾客空间和店员空间全在店内，商品空间将顾客空间与店员空间隔开。

（3）封闭、环游型商店。3个空间皆在店内，顾客可以自由、漫游式地选择商品，实际上是开架销售。该种类型可以有一定的店员空间，也可没有特定的店员空间。

（4）接触、封闭、环游型商店。在封闭、环游型商店中加上接触型的商品空间，即顾客拥有店内和店外两种空间。这种类型也包括有店员空间和无店员空间两种形态。

3. 专卖店空间划分

如何做好店铺布局呢？首先要了解服装店的组成部分，然后进行划分。服装专卖店可以划分为产品空间、店员空间以及顾客空间。产品空间是指专卖店产品陈列的场所，其中包括服装、柜台、货架、展板等。产品空间划分要考虑如何通过有效的方式向顾客展示产品。店员空间指的是导购员接待顾客的地方。店员空间划分要注意给店员提供方便，同时要给顾客独立的购物空间，以便顾客更好地选择产品。顾客空间指顾客参观店铺、选购产品的空间。

4. 专卖店空间布局形式

在进行店铺空间布局时，加盟商要结合品牌定位、服装店铺的地点、产品的种类、产品的数量以及店铺空间的大小进行布局。

（1）斜角式布局。斜角式布局，即利用店内的设备和建筑空间，如柜台、货架等与室内的柱子围成斜角形状的布置。它将能为室内增加延伸的视觉效果，让内部布局变化具有空间性（图1-9）。

图1-9　斜角式布局

（2）岛屿式布局。岛屿式布局，就是柜台以岛状分布，四周用柜台围成封闭状，中间设置货架。这种布局可以摆设成圆形、长方形、三角形等形状。多用于销售体积小的外贸服装，它能充分利用室内光线和空间，为卖场争取到更多的有效面积。基于岛屿自身的形状，它能随地形和营业场所支柱等情况来装饰店铺空间，起到美化的作用。但缺点在于，不利于上货补货，且面积有限，所能陈列的商品不多（图1-10）。

图1-10　岛屿式布局

（3）沿墙式布局。在这种布局中，柜台、货架都沿墙成直线摆设。这种形式不受营业场所大小或墙角弯度的限制，能够陈列展示较多的商品，是最基本的设计形式。因其便于店员拿取商品，能够随时补货，有利于节省人力，所以，服装商品多使用该布局，尤其是中小外贸品牌服装店，更是钟情于此（图1-11）。

图1-11　沿墙式布局

（4）漫游陈列布局。利用商品展览陈列出售的方式，使导购员与顾客之间有没严格界限。此布局是利用不同的选型陈列设备，将产品分类分组，随着客流走向和人流密度的变化而变化。这样有利于提高导购服务质量，有利于自由参观选购，同时，可以活跃店铺的气氛（图1-12）。

图1-12　漫游式布局

（5）格子式布局。这种布局结构严谨，是一种十分规范的布局方式，能够轻易博得顾客的信任。在格子布局里，所有的柜台设备在摆放时互成直角，构成曲径式通道。这种布局，能产生顾客形成的人流由入口经过布满商品柜台的曲径通向店铺出口的一种动力效果，给人以井然有序的印象。同时，格子式布局大多用于敞开销售，能让顾客进入自选，满足现代顾客对自由、闲适的购物环境的追求（图1-3）。

图1-13　格子式布局

（二）服装专卖店的陈列设计

1.陈列的概念

陈列是终端卖场最有效的营销手段之一，通过对产品、橱窗、货架、模特、灯光、音乐、POP海报、通道的科学规划，达到促进产品销售、提升品牌形象的目的。

陈列能将商品的外观、性能、特征和价格迅速地传递给顾客，由其自主比较、选择，可减少询问，缩短挑选时间，加速交易过程。陈列经过一系列艺术处理，能起到改善店容店貌、美化购物环境的作用。

2.陈列的作用

意大利著名服装设计师乔治·阿玛尼曾在一个百货公司里从事橱窗陈列工作，他对卖场的陈列有着更深刻的理解："我们要为顾客创造一种激动人心而且出乎意料的体验，同时又在整体上维持清晰一致的识别。商店的每一个部分都在表达我的美学理念，我希望能在一个空间和一种氛围中展示我的设计，为顾客提供一种深刻的体验。"

（1）促进产品销售。通过各种陈列形式可以使静止的服装变成顾客关注的目标。对重点推荐的货品以及新上市的货品，用视觉的语言吸引消费者。同时，经过科学规划和精心陈列的卖场可以提高商品的档次，增加商品的附加值。

（2）传播品牌文化。服装除了物质层面的东西外，更是一种文化。好的陈列除了告知卖场的销售信息外，同时还应传递一种企业特有的品牌文化。一个品牌只有建立起自己特有的品牌文化，才能加深消费者对品牌的印象，从而形成一批忠实的顾客群，同时从众多品牌中脱颖而出，占有更多的市场份额。

3.服装陈列的基本原则

（1）整洁原则。服装陈列时一尘不染的商品、熨烫得没有一丝褶皱的服装，是提高商品价值最好的方法，能够让顾客赏心悦目地购物，能够有效激发顾客的购买欲望。

（2）醒目原则。服装陈列地点要醒目，要能够让顾客直观地了解商品的特点、构成，知道是否有喜欢的商品和什么是好的，能够与更好的商品作比较，如果没有这种容易看到的陈列，就不会引发购买行为。顾客希望在最短的时间内找到所喜欢的商品，卖场的商品要陈列得一眼就能掌握整个状态。

（3）易于感知原则。服装陈列要能够让顾客直接感知，能够触摸到服装的质地。如果顾客没有用手拿起商品确认，没有用手去体验其质感，就不容易达到销售目标。在"购买＝接触"的原则下，触摸是最基本的。商品陈列得过多会给购物带来不便，陈列得过少，会给顾客造成储存不足或是剩余商品的感觉，导致顾客不愿去触摸，更不会产生购买的欲望。

（4）便利原则。服装陈列须根据服装的品类、品种分类展示，并醒目标识，使顾客不必问销售人员也能一目了然。这一方面节省顾客的时间，使他们在有限的购物时间内快速了解商品；另一方面，也减轻销售人员的工作负担。

（5）控制成本原则。不要在陈列上浪费过多的时间和人力。服装陈列只是一种销售手段，在有限的资金条件下要达到最好的营销效果。

（6）激发兴趣原则。陈列应有丰富的层次，明确的"主题性（情人节、圣诞节）和季节性"，具有感染力，令人过目不忘。

4. 服装陈列的技巧

陈列是以商品为主题，利用不同商品的品种、款式、颜色、面料、特性等，通过综合运用艺术手法展示出来，突出货品的特色及卖点吸引顾客的注意，提高和加强顾客对商品的进一步了解、记忆和信赖程度，从而最大限度地引起购买欲望。

（1）货品陈列方式。服装陈列一般分为叠装与挂装。

1）叠装。一般是通过有序的服装折叠，强调整体协调、轮廓突出，把商品在流水台或高架的平台上展示出来。这种方式的好处是能有效利用空间，因为卖场空间毕竟是有限的，如果全部以挂装的形式展示商品，则空间根本不够用。所以，此时可采取叠装来增加有限空间陈列品的数量。叠装的劣势是无法完全展示商品，因此，它要配合挂装来展示，以增加视觉趣味。

叠装陈列时应注意以下几点。

· 强调视觉，在色块掌握上，原则应是从外到内、由浅至深、由暖至冷、由明至暗。这是人们观察事物的习惯使然。这样也能使消费者对商品产生兴趣，从注意—吸引—观察—购买等几个环节促进购物行为。

· 同季节、同类型、同系列的产品陈列在同一区域内。

· 叠装要拆除包装，薄装每叠4～6件为宜，厚装以3～4件为宜，衬衫领口可交错摆放。每叠服装型号及尺寸系列为自上而下、由小到大。

· 叠装区域附近位置尽量设计模特，展示叠装中的代表款式，以吸引顾客注意，增强视觉效果。并且可以摆放相应服装款式的海报、宣传单，以全方位展示代表款（图1-14、图1-15）。

2）挂装。一般是用衣架把衣服挂上，这样才可以全面展示商品的特性，易于形成色块视觉冲击和渲染气氛，使消费者用眼就能认识了解该商品。但是，在有限的卖场内，不可能过多地以挂装陈列，一般是挂装配合叠装。这样，一方面能合理运用空间；另一方面，也使整个商品陈列有层次感。

挂装陈列时应注意以下几点。

· 每款服饰应同时连续挂2件以上，通常不超过4件，挂装应保持整洁、无折痕。

· 同一系列款式的货品使用同一种衣架。

图1-14 叠装陈列（一）

图1-15 叠装陈列（二）

· 挂装号码序列为：自前向后，由小码至大码；自左向右，自小码至大码。

· 挂装的陈列颜色：正列，从外到内、从前到后、由浅到深、由明至暗；侧列，从前到后、从外到内、由浅到深、由明至暗（图1-16）。

图1-16 挂装陈列

（2）服装陈列手法。卖场陈列的好坏，直接影响店面的销售工作。卖场陈列一般可分为4种：色系陈列、风格陈列、面料陈列和价位陈列。但无论采用哪种陈列手法，都以色系陈列为基础。

1）色系陈列。色系陈列一般一杆货架以一个中心色配加两个基本色为主，如米色＋咖啡＋驼色，其中以米色为中心色，咖啡和驼色衬托米色。但需注意：两个基本色为相近色。

色系陈列主要分为渐变式、跳跃式和彩虹式。

· 渐变式。运用同一色系不同深浅的产品组合陈列，富有层次感。可由浅至深陈列，例如白色→米色→咖啡色，也可由深至浅。

· 跳跃式。适用于商品系列化、组合性较强的品牌。可以运用产品的深→浅→深→浅间隔陈列。

· 彩虹式。适用于颜色较多、风格活泼、年轻的品牌，可以将货品依照彩虹的颜色组合陈列（图1-17）。

图1-17 色系陈列

2）风格陈列。同一品位的服装为一组陈列，如休闲组、商务组、运动组等（图1-18）。

图1-18 休闲风格服装系列

3）面料陈列。同一成分的服装为一组，如棉质为一组、皮质为一组等。

4）价位陈列。同一价位为一组，但需要注意：入口陈列的位置价格不宜过高，应以中等价位为主。

（三）服装专卖店的动线设计

店铺实际陈列的操作过程中，第一步就是了解店铺空间，并作店铺空间与人流动线的设计。好的空间与人流动线设计能引导和方便消费者购物，能让消费者在店铺停留适当的时间，体验一种品牌所倡导的购物感觉。

人流动线的设计是在固定的空间里设计人流走动的主体方向，让消费者按照设计者事先设计好的路线流动。人流动线是为店铺空间规划良好的、事先预定的人员流动路线，延长消费者在店铺的停留时间，从而带动品牌人流量和购买率的提升。

1. 店铺流向

店铺流向是指因店铺固定空间而形成的人员流动方向。店铺流向可分为直流动线和环流动线。

（1）直流动线。是指店铺入口和出口在不同的两侧，多数人从店铺一边的入口进，从另一边的出口出，即穿越式流动的线路。直流动线的店铺多数为商场店（图1-19）。

图1-19 直流动线

（2）环流动线：是指在三面合围的空间里，店铺出口和入口在同一侧。多数街道专卖店和部分商场边厅就是这样的店铺（图1-20）。

2. 根据店铺流向设计人流动线

良好的人流动线能延长消费者在店铺的停留时间，

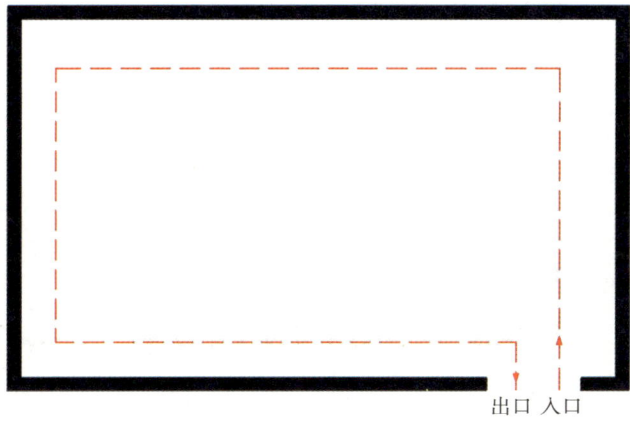

图1-20 环流动线

带动品牌人流量和购买率的提升。

（1）对于直流动线型的店铺，一般多数店铺的服饰都有男女装，因此，在做男女分区时，采用一边男一边女的做法是错误的，由于店铺产品特性的原因，店铺的人流动线只有一条，这样会缩短顾客在店铺的停留时间（图1-21）。

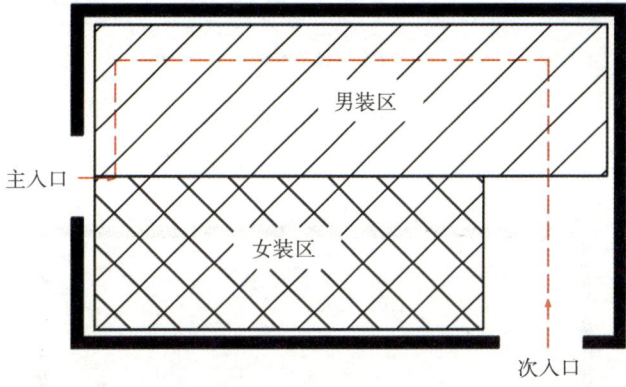

图1-21 错误的直流动线分区示意图

根据直流动线的特点应将人流动线按图1-22所示来设计。这样无论顾客从主入品还是次入口进入店铺，其动线会长许多，顾客接触产品和停留店铺的时间也就长许多（图1-22）。

（2）对于环流动线型的店铺，由于出口和入口只有一个或出入口相距较近，因此要避免直线走动，特别是狭长、弯曲的路线。如图1-23所示，红色虚线为人员流动路线，男装、女装货架的陈列使人流要来回直线流动，造成不必要的麻烦（图1-23）。

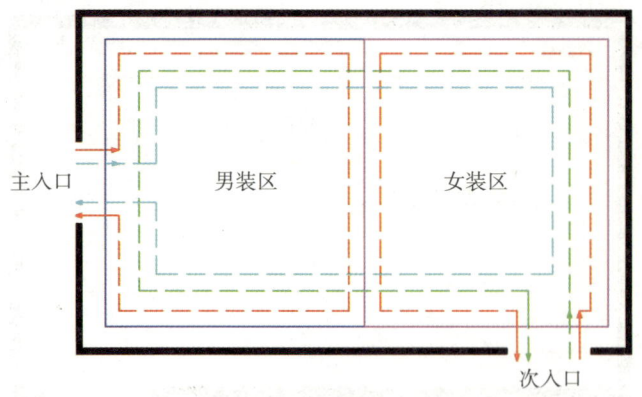

图1-22 调整后的直流动线分区示意图

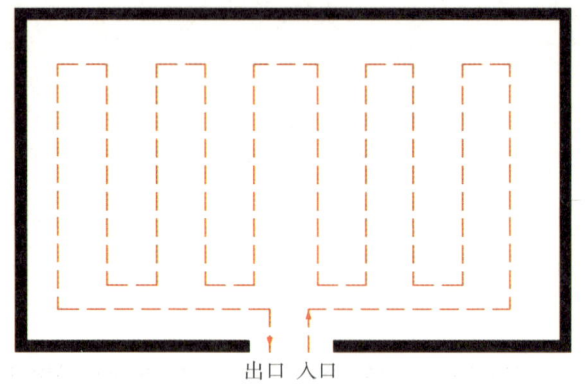

图1-23 错误的环流动线型动线示意图

类似的店铺应将产品的每个系列规划成一个完整的块面，形成单纯而有变化、必要的转折（图1-24）。

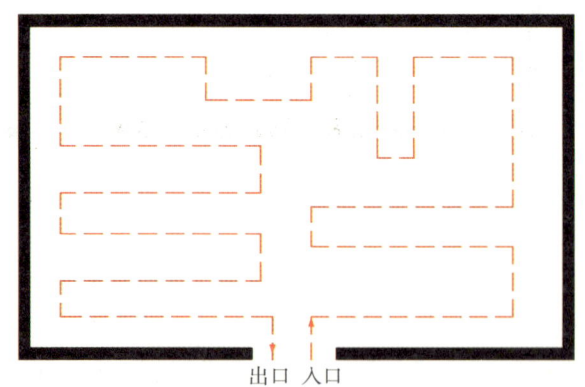

图1-24 调整后的环流动线型动线示意图

（四）服装专卖店的道具设计

1. 道具的种类

服装专卖店的道具分陈列道具和展示道具两种。

陈列道具是在商业空间展示设计中用于产品的衬托和商业空间展示设计与环境的陈列搭配的重要元素，主要用于装饰空间、配合主体空间的搭配和空间意境的营造。展示道具主要用于展示服装、配饰等产品，其作用是衬托产品，搭配灯光营造视觉冲击，突出产品的品牌档次。

2. 道具的作用

使用道具是为了更好地展示商品，吸引消费者的视线。道具的创新设计能够使产品品位提升，突出艺术展示效果。对于一些常用的普通服装，道具的有效展示会对吸引顾客起到至关重要的作用。

3. 道具的选择要求

（1）道具的形状、色彩、尺寸与材质要与专卖店整体风格协调。

（2）根据陈列服装的开放程度选择道具，如封闭式货架、半开放式货架、开放式货架、陈列台等道具。

（3）根据陈列服装的放置形式选择道具，如吊挂式货架、叠放式货架、模特等。

（4）根据陈列服装的特点或季节选择道具，如陈列较厚重的服装，摆放货物的层板要厚一些；夏季的服装可以采用玻璃层板，给顾客凉爽的感觉。

4. 道具的基本类型

（1）形象墙。形象墙是整个专卖店空间的视觉中心，也是展示品牌文化和形象的重点。因而要求色彩和造型的设计与品牌的个性、定位要完美结合。不同的店面面积要适当地对形象墙进行调整，以达到与整个店面的融合。专卖店的形象墙设计主要从以下几个方面考虑（图1-25、图1-26）。

图1-25 耐克专卖店形象墙

项目一　服装专卖店设计

代替墙壁面的功能，使商品得到透明、生动的展示（图1-29）。

图1-26　乔丹专卖店形象墙

1）色彩。颜色是视觉的第一要素，所采用的颜色按照"品牌标准色彩"进行设计。

2）造型。形状是视觉的第二要素，造型设计需与品牌的行业性质、产品定位、品牌文化特色相匹配。

3）材质。质感是视觉的细腻之处，参照上面材质设定的做法。

4）光感。灯光是视觉的聚焦、升华之处，另外，施工工艺也是关键之中的关键。

（2）展示柜。展示柜是陈列、保护和收藏商品的展示家具，由木质或金属等材料制作，本身具有分隔空间的作用，常用于空间结构的布局，主要分为封闭式和开放式两大类（图1-27）。

（3）展台。展台类道具在服装专卖店中主要是承受和衬托服饰品实物的道具，也是分隔空间、装饰空间的重要设计元素。展台的主要作用是使商品与地面隔离，形成展品不同的空间分隔，通过保护、衬托、组合展品，起到丰富展示空间层次、引人注目的作用（图1-28）。

（4）展架。展架是吊挂、承托展板或拼连组成展台、展柜的支撑骨架，也可以直接作为构成隔断，并有

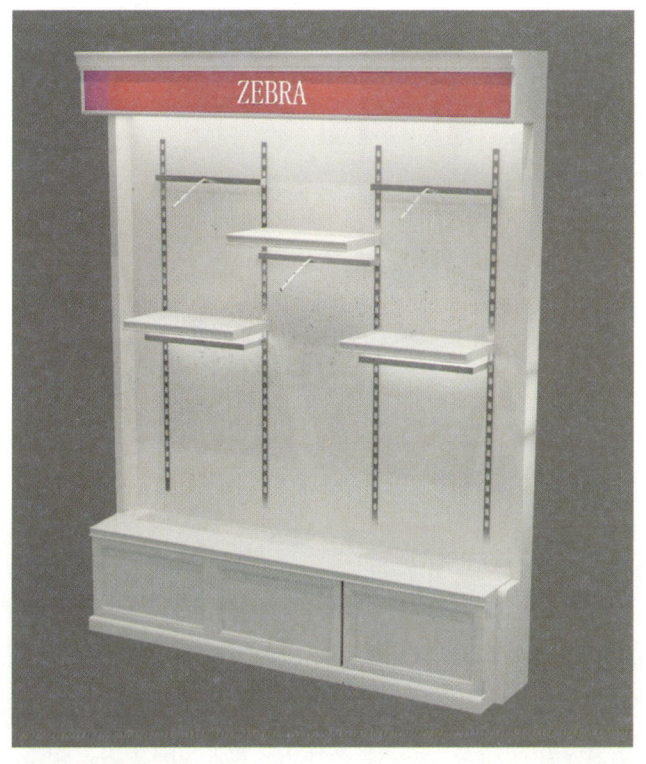

图1-27　服装展柜

图1-28　服装展台

图1-29 服装展架

（5）人台和人体模特。

1）模特展示的作用。人台和人体模特是用来展示最新流行的服装款式或色彩的，以介绍商品和提高商品的价值。模特有仿真和抽象类等形式。模特的合理运用，可营造生活场景、传达品牌理念、拉近与顾客的距离。

模特陈列是吸引顾客购物的焦点，创建一个有趣的可以吸引顾客的模特陈列，可以避免顾客在店内长时间逗留的视觉疲劳，可以提供给顾客一个简单自然的直观感受并且为顾客的选择提供指引。模特陈列应该尽量突出焦点及热销产品，这样可以将顾客的注意力吸引到店内的指定区域（图1-30、图1-31）。

2）模特着装的要求。模特所穿着的服装，要选择专卖店中的海报款、推广款、定量大的服装产品，选择同一系列的服装；选择新货和有特色的服装，避免穿着基础款；结合故事包配件出样，穿着应人性化。模特展示的产品需陈列在附近区域，顾客很容易找到；需要将灯光直接照射在模特身上，成为视觉焦点（图1-32）。

3）模特色彩组合方式。

· 模特成组陈列时统一保持上装同一色彩明度，下装同一色彩明度（即上浅下深或上深下浅），多用于专业运动系列服装产品的展示（图1-33）。

· 重点推广产品模特穿着可完全保持一致，以突出主题，该方法用于重点推广产品（图1-34）。

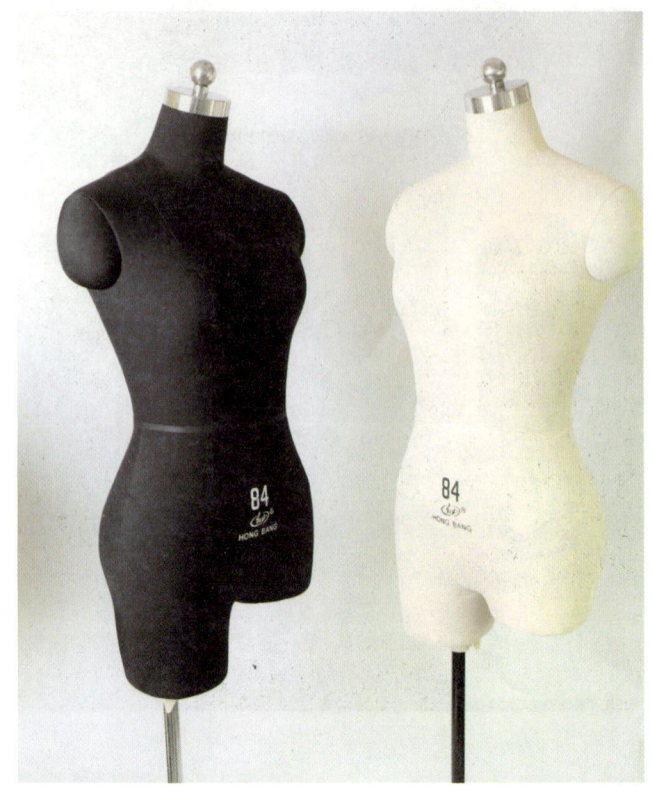

图1-30 服装人台模特

图1-31 服装人体模特

项目一　服装专卖店设计

图1-32　服装模特的着装与组合

图1-34　统一穿着的模特展示

图1-33　运动系列服装模特展示

图1-35　服装色彩交叉模特展示

・模特上下装搭配成X式色彩交叉（交叉对称法）。该方式比较简单，应用较多，并且容易出效果（图1-35）。

・寻找一个主色，利用模特里外套穿形成内外色彩交叉，或通过搭配对比色的配件以最终达到色彩平衡（图1-36）。

・同款不同色陈列法。该方式适用于款式、图案特别、色彩丰富的系列或专业运动系列（图1-37）。

・服装本身配色指引法。该方式适用于休闲系列或运动生活系列及图案、色彩丰富的服装系列，可多使用套穿方法，尽量内外色彩对比强些（图1-38）。

4）配件搭配技巧及陈列细节。

・模特不应单独陈列服装，可搭配与服装色彩成组的各种配件，既可以达到整体色彩的最佳组合效果，也

图 1-36 内外色彩交叉模特展示

图 1-38 服装本身配色指引法

图 1-37 同款不同色陈列法

达到了最终的附加销售或帮助顾客成套购买的目的,强调相同系列及色彩协调(尽量为对比色)。

·配件需灵活地搭配在模特身上,尽量自然,避免死板,保持生活化的真人着装效果。

·出现在模特身上的各种配件需为该品牌专卖店销售产品,非代理的其他品牌服饰,即使色彩上能够满足整体效果也不容许展示,因为我们的最终目的是为了售卖该品牌的产品。

5)模特陈列位置的摆放。无论在橱窗、入口还是店铺内部的模特都要成组出现,避免单独进行陈列,模特群组陈列应注意以下几点。

·需照顾到客流方向,考虑摆位的角度,无论顾客从哪个方向走近都可以清晰看到模特展示的服装或者配件的焦点。

·模特成组出现尽量做到高低、前后错落,增加层次感和故事性。

- 挑出主要模特，重点突出。

（6）收银台。

收银台作为专卖店所必不可少的配套设施，越来越多地被客户所关注。

收银台俗称付款处，是顾客付款交易的地方，也是顾客在商店最后停留的地方，这里给顾客留下的印象好坏，决定了顾客是否会第二次光临，对于任何一家零售卖场来说，其重要性都是不言而喻的。

收银台除了收银这一主要用途外，将在吸引顾客视线的同时发挥出特殊功效。事实上，收银作业不只是单纯地为顾客提供结账服务而已，收银员收款工作完成后也并不代表卖场的销售行为就此结束，这其中还包括了对顾客的礼仪态度。

收银台设计要点如下。

1）服装店收银台高度应为1.2m，这是顾客在付款时感觉最舒适的高度，不会因太高而显得压抑。

2）服装店收银台的颜色、设计等都要美轮美奂，与企业形象一致，客户进来和离开卖场前都可以有深刻的印象，这样可以把品牌的效应尽量提升。

3）服装店收银台设计应以加快商品的处理、降低客户等待的时间为前提，这样能大幅度减少顾客因等候时间过长而放弃购买货品，导致潜在消费者减少（图1-39）。

图1-39 服装专卖店的收银台

（五）服装专卖店的照明设计

现代服装专卖店非常重视运用照明设备营造明快轻松的购物环境。顾客能够心情愉悦地购买所需要的理想商品，很大程度上取决于视觉艺术环境的营造。品牌专卖店的主要消费群体是具有较高消费能力和较高审美情趣的特殊顾客人群，如何满足顾客的需求和心态，在购物空间的照明设计中，在展示商品、创造环境氛围中显得尤为重要。

1. 服装专卖店照明的作用

（1）顾客及员工行走的安全。这是照明的基本功能，首先要保证卖场的基本照明，能够使人在卖场空间中看清道路，自如通行。

（2）吸引顾客注意力。一是要有具吸引力的店名广告牌和霓虹灯广告牌，有对比的色彩和动感，衬托出热烈的气氛；二是商场临街的橱窗照明要有足够的亮度，布置的新颖独特性；三是商场进门处的一般照明应具有足够的照度和空间亮度。

（3）建立良好的视觉环境，使进入商场的顾客产生一种心理舒适感，愿意在店内多走走看看，以吸引购买更多商品。

（4）视觉引导作用。运用不同的亮度、照明方式和手法，引导顾客走向着重推销的商品和贵重商品柜台。

2. 服装专卖店照明的种类

（1）基础照明设计。基础照明主要是为了使店铺内的光线形成延展，同时使店内色调保持统一，从而保证店铺内的基本照明。其中，主要运用模式有嵌入式（如地灯、屋顶桶灯）、直接吸顶式两种。照明光度的强弱，一般要根据品牌服装店的经营范围、主要商品及目标顾客的年龄、爱好而定。基本照明度的强弱要根据品牌服装店的位置及局部位置的功能巧妙地进行设置。一般在营业厅最里面光度配置最大，营业厅前面和侧面光度次之，营业厅中部光度最小。基本照明度的这种比例配置，可以增加品牌服装店空间的有效利用，使服装品牌富有朝气，还可以使消费者的视线本能地朝向明亮的里面，吸引他们从外到内把整间品牌服装店走遍，并始终保持较大的选购兴趣。

由于基础照明面积很大，对商场的空间形象、顾客的心理、环境气氛等都起着十分重要的作用。天棚照

图 1-40 纵向布灯

明可采用均匀布灯或建筑单元化布灯。天棚做成一定的照明图案,能起到美化环境的作用。照明方式可选择嵌入式、吊灯式、吸顶式、反射式以及筒灯照明灯具。反射式照明宜采用日光灯,向下直接照明宜采用小功率金属卤化物灯。目前国产小功率金属卤化物灯规格种类繁多,应用很广泛。此光源在商业照明中颇有新意,效果相当不错。筒灯照明宜采用广角配光灯具。

基本照明采用荧光灯时,布灯方案可采用格子点状系列布置纵向布灯、横向布灯、格子布灯。

1)纵向布灯。正方形嵌入式灯具,照度均匀有整齐感,适用于各个方向都是通路的场所。售货场地设置不需与灯具布置协调,适应性较好。如果商城在装修时采用此种布灯形式,且点缀了部分嵌入式筒灯,灯泡采用节能型,突出顶棚,效果很好(图1-40)。

2)横向布灯。适用于嵌入式灯具,有繁华热闹的气氛,使人感到宽敞;适用于大众化商场,正面进深亮度较高,吸引顾客较好。不要采用明露式吸顶灯,以免产生眩光(图1-41)。

图 1-41 横向布灯

3）格子布灯。适用嵌入式灯具，有"集中"和"中心"感，四周墙壁都比较亮，场地中部宽度高，墙边宽度稍差。售货场地设置，不需与灯具布置协调，特别适应于两个方向都是通路进口的场所（图1-42）。

图1-42　格子布灯

（2）重点照明设计。对于流行款及主打款产品而言，应用重点照明就显得十分重要。其中重点照明不仅可以使产品形成一种立体的感觉，同时光影的强烈对比也有利于突出产品的特色。当然，重点照明还可以用于橱窗、LOGO、品牌代言人及店内模特，用于增强品牌独特的效果。至于设备方面，常用的器材主要为射灯。通过适当的色彩搭配，可以提高专卖服装店形象的魅力、感染力。对比色搭配较易形成亮点，更易吸引顾客注意，建议可以与同色系搭配穿插使用（图1-43）。

图1-43　用轨道射灯重点照明

（3）辅助照明设计。辅助照明的主要作用在于突出店内色彩层次，渲染五彩斑斓的气氛与视觉效果，辅助性地增强产品吸引力与感染力（图1-44）。

图1-44　陈列柜中背景灯光对商品进行辅助照明

3. 服装专卖店照明的功能分区

按照功能划分，服装专卖店主要包括：橱窗、服装展示区、试衣间、休闲区、收银台和仓库等，不同区域对灯光的要求都不一样，针对不同区域进行针对性的配光，是专业灯光设计的重要环节（图1-45）。

图1-45　服装专卖店照明区域示意图

（1）服装展示区照明。靠墙货架、中岛墙展架、中岛展架是为客户展示店铺内所有服装产品的位置，足够合理的光照度，可以更加完美地展示出产品的色彩，增强客户的购买欲。

1）照度要求。产品的中心照度需要达到3000lx以上。

2）灯具布置。灯具与货架上产品的理想垂直距离为60～80cm，或离墙1～1.2m，这个距离的照射效果是最理想、最节能的。

3）灯具位置的选取。可以按照货架平行布灯，灯具间距控制在1.2～1.5m为宜，灯具的数量要看店铺内部货架的密度而定。

4）灯具选取。建议使用小巧嵌入式金卤灯，配合MOD专业的反射器，使用12°与24°不同光束角度配光营造更完美的效果。

5）高度与光源的关系。因为不同的店铺会有不同的天花板高度，我们可以依照3m以下用35W光源，3.4m以上用70W光源的原则进行布光设计（图1-46）。

图1-46　服装展示区照明

（2）试衣间照明。试衣间是客户最终决定购买与否的区间，这里的布光效果具有决定性，我们将试衣间分为两个区域，它们分别是换衣间和试衣区域。

1）照度要求。换衣间需要的照度比较低500lx左右即可，但试衣区域的照度要求在2000lx或以上。

2）灯具布置。每间换衣间的正中装一盏嵌入式的卤素灯具，试衣区域建议安装2个嵌入式的金卤灯，选取38°阔角度70W满足其照度要求。

3）试衣镜上方照明。在其他装有试衣镜的位置，如果在距离镜面30～40cm位置的天花板增加一盏嵌入式灯具，试衣效果会更加理想。

（3）休闲区照明。休闲区通常是购物者的休息区，这个地方只需要很低的照度，避免眩光的出现让陪伴者感到不适，从而增加购物者在店内的停留时间。

1）照度要求。250lx左右。

2）灯具布置。尽量少地使用灯具或直接不使用灯具照明（图1-47）。

图1-47　休息区照明

（4）收银台照明。收银台是一个轮候区域，收银台位置的照度相对会比轮候区域的要高。

1）照度要求。收银台平均照度要求在1000lx左右，轮候区域为500lx左右。

2）灯具布置。收银台的正上方一盏宽角度的嵌入式灯具照亮柜台，同时要考虑避开电脑显示屏的反光。

（5）走道照明。

1）照度要求。通常走道的平均照度要求在500lx左右。

2）灯具布置。灯具间距建议在1.6～1.8m，可以尽量减少走道的灯光配置。

3）灯具型号的选取。建议选取35W嵌入式24°阔角度金卤灯进行配光，使光线柔和，营造舒适的商业氛围。

4. 服装专卖店照度

（1）高级品牌专卖店。相对较低的基本照度（300lx），暖色调（2500～3000K）和很好的显色性（R_a>90）。使用许多装饰性射灯营造戏剧性效果（AF 15～30：1），以吸引消费者对最新流行时尚的注意，并配合专卖店的氛围。

（2）普通时装店。平均照度为（300～500lx），自然色调（3000～3500K）和很好的显色性（R_a>90）。结合使用大量重点照明营造轻松且戏剧性氛围（AF 10～20：1）。

（3）大众化商店。较高的基本照度（500～1000 lx），冷色调（4000K），较好的显色性（R_a>80），营造一种亲切随意的氛围。使用很少的射灯突出商店中特定区域的特殊商品。

5. 服装专卖店灯具种类

（1）根据用途可以分为天棚灯、导轨灯、聚光灯、夹持灯以及吊灯和枝形吊灯等。

（2）根据常用灯具的分类。它是在考虑亮度、彩色、耐用性、安全性的基础上进行的分类，分为白炽灯、荧光灯、高强气体放电灯3种。

1）白炽灯种类较多，如功率在20～100W的灯泡、功率在100～1500W的卤化物灯泡等。这类灯具的价格相对便宜，不足是照明效率低，适合做店内的基本灯光照明，但要注意散热处理。

2）荧光灯通常也适用于服装店的基础照明。常用的白色荧光灯功率在20～220W，经久耐用，且比较节省能源。如果强调室内服装的色彩和图案，可以选用高级光色的荧光灯，以达到更好的显色效果。不过，荧光灯不适合和其他灯泡混用，否则形成的效果会略显低质。

3）高强气体放电灯包括荧光汞灯、金属卤化物灯和高显色金属卤化物灯等。其中，荧光汞灯价格比较低，功率较小，可以作为基础照明，但显色性差，会削弱室内服装的色泽效果。而高显色金属卤化物灯则恰恰相反，它显色性强，能较好地表现服装的色彩和图案，但功率较大，不适合大量使用。

（六）服装专卖店的色彩设计

在展示陈列设计中，色彩是最重要的设计元素之一，离开了对陈列色彩的设计与规划的卖场必定是一个没有多少吸引力的卖场。在卖场空间中，不同的色彩运用及色彩搭配规划都会给顾客带来不同寻常的感觉，同时由于不同品牌在商品设计时采用不同的颜色或色彩组合，因此不同品牌的卖场其色彩陈列设计的选择、方法与技巧都有所不同。好的商场色彩设计可使商场的整体效果增加20%～50%，并能充分显示整体设计效果，与设计构思更相吻合。

1. 服装专卖店色彩构成要点

现代色彩学的发展，人们对色彩认识的日益深化，对色彩功能的深入了解，使色彩在卖场设计中处于举足轻重的地位。卖场色彩的构成既有设计者主观的设想，如色调、色彩感情和色彩构成的形式，又有客观方面的原因，如商品色彩、消费者对色彩的好恶、地域的习惯色彩等。这些主客观方面的因素都左右着设计者的构思。卖场的色彩大致由以下几部分构成。

（1）环境色彩。卖场顶面色彩、地面色彩、墙面色彩和立柱色彩。

（2）设备色彩。柜台、货架、支架色彩；陈列台、样品橱的色彩；照明灯具和装饰物的色彩。

（3）商品色彩。主要是陈列服装本身的色彩，也包括商品装饰盒、装饰纸等的色彩。

（4）灯光色彩。照明灯具所发出光源的色彩，主要是射灯、筒灯的暖色光和冷色光，也有其他颜色的装饰光（图1-48、图1-49）。

图1-48　服装卖场环境色彩

图1-49 服装卖场商品陈列色彩

2.服装专卖店的色彩规划

（1）把握卖场的色彩平衡感。一个围合而成的卖场，通常有四面墙体，也就是4个陈列面。而在实际的应用中，最前面的一面墙通常是门和橱窗，实际上剩下的就是3个陈列面——正面和两侧。这3个陈列面的规划，我们既要考虑色彩明度上的平衡，又要考虑3个陈列面的色彩协调性。

如卖场左侧的陈列面色彩明度较低、右边的色彩明度高，就会造成一种不平衡的感觉，好像整个卖场向左边倾斜一般。

卖场陈列面的总体规划，一般要从色彩的一些特性进行规划。如根据色彩的明度原理，将明度高的服装系列放在卖场的前部。明度低的系列放在卖场的后部，这样可以增加卖场的空间感。对于同时有冷暖色、中性色系列服装的卖场，一般是将冷暖色分开，分别放在左右两侧，面对顾客的陈列面可以放中性色或对比度较弱的色彩系列（图1-50）。

（2）制造卖场的色彩节奏感。一个有节奏感的卖场才能让人感到有起有伏、有变化。节奏的变化不光体现在造形上，不同的色彩搭配同样可以产生节奏感，色彩搭配的节奏感可以打破卖场中四平八稳和平淡的局面，使整个卖场充满生机，卖场节奏感的制造通常可以通过改变色彩的搭配方式来实现。

图1-50 服装卖场色彩的平衡

四、项目检查表

项目检查表				
实践项目		服装专卖店设计项目		
子项目	服装专卖店室内设计		工作任务	制作服装专卖店方案草图、施工图、电脑效果图
检查学时			0.5学时	
序号	检查项目	检查标准	组内互查	教师检查
1	服装专卖店手绘方案草图	方案创意性、手绘准确性		
2	服装专卖店电脑施工图	尺寸是否准确、是否符合制图规范、工艺是否准确		
3	服装专卖店电脑效果图	空间表现效果、方案创意		
检查评价	班级		第 组	组长签字
	小组成员签字			
	评语：			
	教师签字		日 期	

五、项目评价表

项目评价表					
实践项目		服装专卖店设计项目			
子项目	服装专卖店室内设计		工作任务	制作服装专卖店方案草图、施工图、电脑效果图	
评价学时			1学时		
考核项目	考核内容及要求	分值	学生自评（10%）	小组评分（20%）	教师评分（70%）	实得分
设计方案	方案合理性、创新性、完整性	50				
方案表达	设计理念表达	15				
完成时间	3课时时间内完成，每超时5min扣1分	15				
小组合作	能够独立完成任务得满分	20				
	在组内成员帮助下完成得15分					
	总分	100				
项目评价	班级		姓名		学号
	第 组	组长签字			
	评语：				
	教师签字		日 期		

六、项目总结

服装专卖店室内设计实训是本次项目实训的核心内容，是对服装专卖店室内进行具体方案设计，并完成施工图和效果图。这个阶段要确定设计方案的具体内容，即对专卖店空间各个界面的造型、色彩、材质以及使用的家具和道具进行最终的确定，并要具体表现出来。在项目实践开始及实施过程中，要求小组成员要经常沟通，保证整个设计风格的统一性，小组成员所做的方案图纸应该是一致的，这样，整个小组才能拿出一套完整的设计方案。

七、项目实训

（1）用快速表现的方式手绘服装专卖店方案透视草图、平面布置图和立面图。

（2）用CAD绘制服装专卖店室内空间的施工图，包括平面布置图、天棚平面图、墙立面图、道具详图、节点图。

（3）用3ds Max和VRay制作服装专卖店的电脑效果图。

八、参考资料

（一）图书资料

（1）塞拉茨.商店空间设计.大连：大连理工大学出版社，2007.

（2）辛艺峰.现代商场室内设计.北京：清华大学出版社，2011.

（3）张绮曼，郑曙旸.室内设计资料集.北京：中国建筑工业出版社，1991.

（二）网络资料

（1）中国商业展示网 http：//www.zhongguosyzs.com/channel/15263287。

（2）3D侠三维模型库 http：//www.3dxia.com/。

（3）3DMO三维模型库 http：//www.3dmo.com/index.html。

（4）设计之家 http：//www.sj33.cn/。

子项目 4　服装专卖店店面设计

一、学习目标

（一）知识目标
（1）掌握服装专卖店店面设计方法。
（2）掌握服装专卖店橱窗设计方法。
（3）掌握服装专卖店招牌设计方法。
（4）掌握服装专卖店店面施工图绘制方法。
（5）掌握服装专卖店店面效果图表现方法。

（二）能力目标
（1）培养学生方案分析能力。
（2）培养学生方案手绘表现能力。
（3）培养学生电脑施工图绘制能力。
（4）培养学生电脑效果图绘制能力。

（三）素质目标
（1）培养学生设计创新能力。
（2）培养学生人际协调能力。
（3）培养学生团队合作能力。
（4）培养学生独立工作能力。

二、项目实施步骤

（一）方案草图绘制
结合服装专卖店室内设计方案，确定专卖店店面的设计方案，用手绘快速表现的方式表现出来，表达店面与周围环境、与专卖店室内的关系，并作为电脑施工图和电脑效果图制作的依据。

（二）电脑施工图绘制
依照现场的原始图及设计方案草图，绘制专卖店店面的立面图、施工节点图等。

（三）电脑效果图绘制
在 3ds Max 里导入平面图，根据设计方案，选取合适的角度，制作专卖店店面电脑效果图。

三、知识链接

（一）店面设计的内涵
店面设计，是以店面的造型、色彩、灯光、材料等手段，展示商店的经营性质和功能特点。店面的魅力源于店面设计的造型与风格，可以通过多种多样的途径展现，但设计首先要结合商店的地理位置、建筑面积的大小、立面造型形式和经营特点等具体情况进行，同时也要满足顾客的购物心理需求。店面设计风格的价值体现在其创造的经济价值、审美价值和信誉价值方面。由于当今社会文化的支持，尤其是高度发展的经济和市场需求的有力支撑，店面设计艺术进入了一个多元化、折中主义的新时代。设计师更加注重艺术个性追求，展现自我独有的设计理念与艺术表现。店面设计注重创意，新技术、新材料在店面装饰中不断运用，店面造型已呈现千姿百态、绚丽多彩的显著特征与风格。

（二）店面设计的作用
（1）店面设计是材料技术和艺术美学相结合的典范，创造经济、美观的店铺，有助于今天社会物质文明与精神文明的和谐。

（2）店面设计的强烈个性与识别性，有助于提高生活效率和节奏。

（3）店面设计能够为消费大众提供理想的商业购物空间。

（三）服装专卖店店面设计要点
服装专卖店店面设计包括以下 5 个方面的设计：招牌设计，店门设计，橱窗展示设计，外部照明设计，壁面照明。

1. 招牌设计
（1）招牌的内涵。一般店面上都可设置一个条形商店招牌，醒目地显示店名及销售商品。在繁华的商业区里，消费者往往首先浏览的是大大小小、各式各样的商店招牌，寻找实现自己购买目标或值得逛游的商业服务场所。因此，具有高度概括力和强烈吸引力的商店招牌对消费者的视觉刺激和心理影响是很重要的。

（2）招牌使用的材料。商店招牌底板所使用的材料，在我国长期以来是木质和水泥。木质经不起长久的风吹雨打，易裂纹，油漆易脱落，需经常维修。水泥招牌施工方便，经久耐用，造价低廉，但形式陈旧，质量粗糙，只能作为低档商店招牌。为了反映时代潮流的变化，如今的店面外装饰材料已不限于木质和水泥，而是采用薄片大理石、花岗岩、金属不锈钢板、薄型涂色铝合金板等。石材门面显得厚实、稳重、高贵、庄严；金属材料门面显得明亮、轻快，富有时代感。有时，随着季节的变化，还可以在门面上安置各种类型的遮阳箱架，这会使门面清新、活泼，并沟通了商店内外的功能联系，无形中扩展了商业面积。

（3）招牌的种类。

1）屋顶招牌。即为了使消费者从远处就能看见专卖店，可以在屋顶上竖一个广告牌，用来宣传自己的商店（图1-51）。

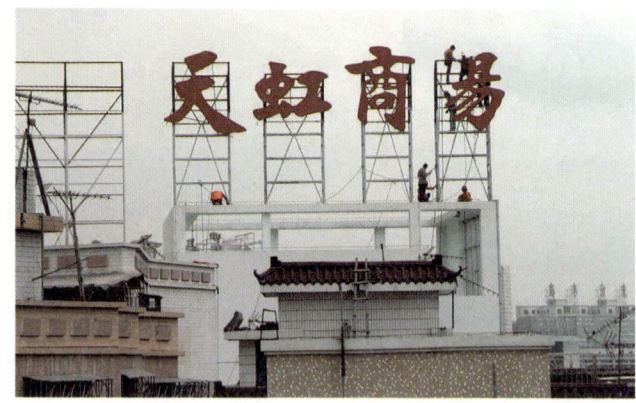

图1-51　屋顶招牌

2）栏架招牌。即装在专卖店正面的招牌，可以用来表示业务经营范围、商店名、商品名、商标名等。它是所有招牌中最重要的招牌，所以也可以采用投光照明、暗藏照明或霓虹灯照明来使其更引人注目（图1-52）。

3）侧翼招牌。此种招牌一般可位于专卖店的两侧，其显示的内容是给两侧行人看的。可用来表示专卖店店名，也可用来表示商店的经营方针、经营范围和商店广告。这种招牌一般以灯箱或霓虹灯为主。

图1-52　专卖店栏架招牌

4）路边招牌。这是一种放在店前人行道上的招牌，用来增加商店对行人的吸引力。这种招牌可以是企业的吉祥物、人物招牌，也可以是一个商品模型或一架自动售货机。

5）墙壁招牌。利用专卖店的墙壁做招牌即墙壁招牌，一般可以用来书写店名。

6）垂吊招牌。即悬挂在专卖店正面或侧面墙上的招牌，其作用基本上与栏架招牌一样。

7）遮阳篷招牌。该种招牌一般由厂商提供，大都是商品广告。遮阳篷招牌对专卖店来说是视觉应用设计的一部分，以增强顾客的统一识别感（图1-53）。

图1-53　遮阳棚招牌

（4）招牌的文字设计。商店招牌文字设计日益为经商者所重视，一些以标语口号、隶属关系和数目字组合而成的艺术化、立体化和广告化的商店招牌不断涌现。

商店招牌文字设计应注意以下几点。

1）店名的字形、大小、凸凹、色彩、位置上的考虑应有助于门的正常使用。

2）文字内容必须与本店所销售的商品相吻合。

3）文字尽可能精简，内容立意要深，又要顺口，易记易认，使消费者一目了然。

4）美术字和书写字要注意大众化，中文和外文美术字的变形不要太花太乱太做作，书写字不要太潦草，否则不易辨认，还会在制作上造成麻烦（图1~54、图1~55）。

图1-54 专卖店招牌设计

2.店门设计

店门是专卖店的出入口，店门的作用是诱导人们的视线，并使其产生兴趣，激发想进去看一看的参与意识。怎么进去，从哪进去，就需要正确的导入，告诉顾客，使顾客一目了然。

将店门安放在店中央，还是左边或右边，这要根据具体人流情况而定。一般大型商场大门可以安置在中央，小型商店的进出部位安置在中央是不妥当的，因为店堂狭小，直接影响了店内实际使用面积和顾客的自由流通。小店的进出门，不是设在左侧就是右侧，这样比较合理。

图1-55 专卖店招牌设计

从商业观点来看，店门应当是开放性的，所以设计时应当考虑到不要让顾客产生"幽闭"、"阴暗"等不良心理，从而拒客于门外。因此，明快、通畅、具有呼应效果的门廊才是最佳设计。

店门设计，还应考虑店门前路面是否平坦，是水平还是斜坡，前边是否有隔挡及影响店门面形象的物体或建筑，采光条件、噪声影响及太阳光照射方位等。店门所使用的材料，以往都是采用较硬质的木材，也可以在木质外部包铁皮或铝皮，制作较简便。我国已开始用铝合金材料制作商店门，由于它轻盈、耐用、美观、安全、富有现代感，所以有普及的趋势。无边框的整体玻璃门属于豪华型门廊，由于这种门透光性好、造型华丽，所以常用于高档的首饰店、电器店、时装店、化妆品店等（图1-56、图1-57）。

3.橱窗展示设计

（1）橱窗的概念。橱窗在建筑学概念上指房屋结构——为室内外信息的传递创造条件，无论是光、空气或者视线。在商业的橱窗陈列概念上，它是具有商业展示作用的区域空间——将企业的目标商业信息进行主题化展示的传播平台，包括店铺橱窗、卖场形象区域或商场展位等任何具有主题展示功能的商业空间。

橱窗展示设计是以橱窗空间作为前提条件，采用艺术设计手段，主要通过视觉传达的途径，借助于一定的工具及技术，将所要传达的信息进行有目的、有计划地传播，从而对观众的心理、思想及行为产生一定影响的创造性活动。

橱窗设计的重点，在于商品品牌营销的创意。商业橱窗既是专卖店整体设计的重要组成部分，又是消费者进店前所看到的第一个商品展示空间。橱窗需要通过布景、道具、灯光、色彩创造性艺术性的组合，衬托和宣传专卖店的主要产品（图1-58）。

图1-56 专卖店店门设计（一）

图1-57 专卖店店门设计（二）

图1-58 LV专卖店橱窗设计

（2）橱窗设计的起源与发展。橱窗设计的起源始自欧洲商业及百货业的发展，是工业时代的产物。从流行一时的皇宫内部装饰到后来风起云涌的橱窗设计艺术的诞生，标志着新型商业社会、新型商业经营时代的到来。自从最初的橱窗诞生后，随着近代商业的繁荣，橱窗设计已经成为一门视觉艺术和空间科技技术相融合的学科，为商业社会生活中的经营与开发提供了重要的美学基础和科技平台。橱窗设计作为一种全人类的共同文明成果，不仅服务于零售业和服装服饰业，还涉及房地产、广告、餐饮以及装饰装修等行业。也就是说，只要这个世界上有商品存在，橱窗设计就必然存在。橱窗设计无疑是商业经济时代进步的一种标志。近一个世纪以来，橱窗设计在经济发达国家被广泛重视和应用。

我国现代意义上的橱窗设计最早出现在上海，是1927年前后由外商委托中西大药房和中法大药房布置的展示"勒吐精"奶粉的橱窗。橱窗广告带来商品销量的增加，这使中西大药房、中法大药房等上海药房受到启发，开始对国产药品、化妆品等包装进行改进，并开始重视橱窗设计。不过当时橱窗设计也只是用邹纸、彩纸装饰一下，从内容到形式都比较简陋。有些橱窗布置把邹纸拉成尖角，一副副地钉在橱窗周围，然后拉到橱窗中心，向后推移钉牢，形成方形范围内的透视形式，增强了衬托商品的效果，为以后立体橱窗设计开了先河，而且一直沿用至今。

（3）橱窗的功能。从信息传播的角度分析，橱窗的商业功能分为两个层面，即初级层面的功能和高级层面的功能。其中，初级层面的功能是商品基础信息传达；高级层面的功能是商品价值信息传达。

1）初级层面的橱窗功能。以商品基础信息传达为目标，即传播商品的使用价值。例如作为服装，最基本的使用价值体现在其功能方面——保护身体和装饰外观。这时，围绕实体商品进行的信息传达，如商品的款式、颜色、形态和搭配就构成了服装服饰商品的基本使用价值。同时，商品的穿着时间（季节）和折扣活动（价格）信息也成为橱窗营销的初级层面信息传播。

2）高级层面的橱窗功能。现代时装商品的使用价值正在不断拓展，从满足人类生理需求的层面不断向满足精神层面需求发展，于是产生了相对的高级层面信息传播。

高级层面的橱窗功能以商品价值信息传达为目标，即传播商品的附加值。价值和使用价值的区别，就是初级与高级的区别，马克思在政治经济学中对价值系统有深入论证：价值是凝结在商品中的无差别的人类劳动。在此想举一个例子，LV品牌在2009年春季橱窗展示中，将产品陈列于用于远途运输的集装箱之中，并且箱壁保护工艺讲究，以此表现LV产品在运输过程中的品质保障，通过橱窗演绎将这部分的运营成本以品牌附加值的形式转移到顾客身上。这就是一种典型的商品价值（附加值）信息传达。

商品价值信息一般以社会显化功能为特征，并围绕商业文化进行信息传达。高级层面的橱窗信息传播满足的是马斯洛需求理论中的情感归属和尊重的普遍需要。而时尚流行、文化个性和生活方式等品牌价值信息的传播恰恰是为了满足这部分的消费需求。

（4）橱窗的分类。橱窗是零售店商品陈列宣传的重要手段，主要分为临街橱窗和室内橱窗两类。临街橱窗对于展示零售店的经营类别、重点推销商品、吸引消费者购买意义重大。目前，室内橱窗也越来越为零售店，尤其是大中型零售店所重视。

零售店的橱窗实际上是艺术品陈列室，通过对陈列商品进行合理搭配来展示商品美。它是衡量零售店文化品位的一面镜子，顾客对橱窗陈列的第一印象决定着顾客对零售店的态度，进而决定着顾客的进店率。因此，无论是何种橱窗陈列都要重视其美感。一般而言，零售店橱窗主要有以下几种类型。

1）系统商品橱窗陈列。对于橱窗面积较大的专卖店可以采用系统式橱窗陈列，即按照商品的类别、性能、材料、用途等因素分别组合陈列在一个橱窗内，形成系统式橱窗陈列，又可具体分为以下几种。

·同种类型商品橱窗（图1-59）。即同一类型、同一质料制成的商品组合陈列，例如丝绸服装橱窗、皮草服装橱窗等。

图1-59 同种类型商品橱窗

·同质不同类商品橱窗。即由同一质料不同类别的商品组合陈列，例如羊皮大衣、羊皮鞋、羊皮箱包等组合的羊皮制品橱窗陈列。

・同类不同质商品橱窗（图1-60）。即由同一类别不同质料组成的商品组合陈列，例如棉质衬衫、真皮夹克等组成的服装橱窗陈列。

图1-60 皮草服装与羽绒服组合搭配橱窗

・不同质不同类商品橱窗（图1-61）。即把不同类别、不同质料却有相同用途的商品组合陈列，例如户外服装橱窗陈列，将冲锋衣、登山靴、登山包等陈列到同一橱窗里。

2）综合式橱窗陈列。综合式橱窗陈列是指将许多不相关的商品综合陈列在一个橱窗内，以组成一个完整的橱窗广告。这种橱窗陈列由于商品之间差异较大，设计时一定要谨慎，否则就会给人一种繁杂的感觉。

图1-61 不同质不同类商品橱窗

综合式陈列方法主要有如下几种。

・横向橱窗陈列。将商品分组横向陈列，引导顾客从左向右或从右向左顺序观赏（图1-62）。

・纵向橱窗陈列。将商品按照橱窗容量大小，纵向分为几个部分，前后错落有致，便于顾客从上而下依次观赏（图1-63）。

图1-62 横向橱窗陈列

项目一 服装专卖店设计

图1-63 纵向橱窗陈列

·单元橱窗陈列。用分格支架将商品分别集中陈列，便于顾客分类观赏，多用于小商品。

3）特写式橱窗陈列。特写式橱窗陈列是运用不同的艺术形式和处理方法，在一个橱窗内集中介绍某一零售店的产品。例如，单一零售店商品特写陈列和商品模型特写陈列等，这类陈列适用于新产品、特色商品的广告宣传，主要有如下几种。

·单一商品特写陈列。在一个橱窗内只陈列一件商品，以重点推销该商品，如只陈列某一种服装或服饰（图1-64）。

·商品模型特写陈列。即用模型代替实物陈列，与服装商品搭配展示，多适用于体积过大或过小的商品，如汽车模型、船模型等。某些不易保存或展出的物品也适用于模型特写陈列，如水果、海鲜、动物等（图1-65）。

图1-65 商品模型特写橱窗陈列

4）专题商品橱窗陈列。专题商品橱窗陈列是指以一个陈列专题为中心，围绕某一特定的事件，组织不同品牌或同一品牌不同类型的商品进行陈列，向媒体受众

图1-64 单一商品橱窗陈列

传输一个商品主题，例如节日陈列、绿色食品陈列、丝绸之路陈列等。这种陈列方式多以一个特定环境或特定事件为中心，把有关商品组合陈列在一个橱窗，具体又可分为如下几种。

·事件陈列。以社会上某项活动为主题，将关联商品进行组合展示的橱窗，如大型运动会期间的体育用品橱窗（图1-66）。

图1-66 借NBA篮球赛推出的运动服装展示橱窗

·节日陈列。以庆祝某一个节日为主题组成节日橱窗专题，如中秋节以各式月饼、黄酒等组成的橱窗，圣诞节以圣诞礼品、圣诞老人等组合的橱窗，情人节以玫瑰、巧克力等商品组合的橱窗。这样既突出商品，同时又烘托零售店节日气氛（图1-67）。

图1-67 借圣诞节展示的服装橱窗

·场景陈列。根据商品用途，把有关联性的多种商品在橱窗中设置成特定场景，以诱发顾客的购买行为。如户外用品零售店可以将有关旅游用品设置成一处特定的旅游景点，吸引过往行人的注意力（图1-68）。

图1-68 场景型的服装陈列

5）季节性橱窗陈列。季节性橱窗陈列是根据季节变化把应季商品集中进行陈列，如冬末春初的羊毛、风衣展示，春末夏初的夏装、凉鞋、草帽展示。这种手法满足了顾客应季购买的心理特点，有利于扩大销售（图1-69）。

图1-69 以三叶草为主题的春季服装展示

（5）专卖商店橱窗设计的原则。

1）以别出心裁的设计吸引顾客，切忌平面化，努力追求动感和文化艺术色彩。

2）可通过一些生活化场景使顾客感到亲切自然，进而产生共鸣。

3）努力给顾客留下深刻的印象，通过本店所经营的橱窗巧妙的展示，使顾客过目不忘，印入脑海。

（6）橱窗展示设计策划要点。

1）体现功能性。橱窗首先是用于专卖店商品及品牌的展示，同时重视消费者的心理需求，这是橱窗的首要功能，也是橱窗设计首先要考虑的要素。橱窗的形式与专卖店的商品特点、消费者层次、建筑结构等都有密切关系。

2）分析周围环境。专卖店所处建筑周围的地形、道路、区域、消费受众等都会影响到橱窗的设计，甚至建筑本身的风格、色彩、材质也会影响到橱窗的形式。

3）体现文化特征。专卖店所处的不同时代、不同地域、不同民族环境有着不同的文化特征，导致人们的审美标准及审美习惯也不同。在进行橱窗设计时，需要在设计中体现出当地的文化特征，以适应当地的审美标准，才能吸引消费者并避免当地因文化差异导致的反感情绪。

4）考虑橱窗与建筑的关系。橱窗是建筑本身的附属物，橱窗的结构与风格形式不能脱离建筑单独存在。橱窗的形式根据实际情况可与建筑统一、对比或差异化。

一般来说，在地域文化、传统文化比较突出的商业区，橱窗的形式多与建筑风格相一致，如欧式风格比较浓厚的商业区，建筑是欧式古典风格的，橱窗也倾向于欧式风格；造型普通的建筑，橱窗往往是对比式的，通过对比突出橱窗的位置；非商业街上的服装专卖店，橱窗的形式主要根据自身品牌和营销的需要来确定，不必与原有建筑相统一。

5）考虑橱窗经济性。橱窗的装修需要大量资金开销，因此橱窗设计必须在资金许可的范围内考虑设计和施工的可行性，如果设计和施工的造价超出预算太多，即使设计方案很完美，也是无法实施的。

6）考虑当地政策法规。不同的地区对橱窗的形式与施工有不同的要求，有的商业区为了统一风格、统一文化特征，规定了橱窗的形式与结构。在进行橱窗设计时，还需要了解当地的政策法规与规定，避免一些不必要的麻烦。

7）考虑橱窗使用的结构。橱窗有开敞式、封闭式和半封闭式结构，橱窗物品的安装有悬吊、壁挂、落地形式。在考虑橱窗设计的效果时，也要考虑橱窗物品的安装是否可行，建筑结构对橱窗物品的承受力是否在安全范围内，需要扩大的橱窗，是否会破坏建筑结构等。

（7）橱窗的构造形式。

1）开敞式橱窗。开敞式的橱窗没有后背，直接与卖场的空间相通，人们可以透过玻璃将店内情况尽收眼底。开放式橱窗最大的特点是具有足够的亲和力，人们可以近距离触摸感觉产品，在设计实施上具有极端的两面性。

· 难度大。要求店面与橱窗无论在色彩、结构还是货品展示方面都能形成统一完美的画面。

· 简单易行。基于店铺的完美设计，无需用其他物品做过多的修饰（图1-70）。

图1-70　开敞式橱窗

2）封闭式橱窗。背后装有壁板与卖场完全隔开，形成单独空间，称为封闭式橱窗。较大的封闭式橱窗用海报满铺作背景，效果较好。封闭式橱窗通常运用于高档服装品牌。封闭式橱窗的优点有以下几个方面。

· 它比较适合有大空间的卖场及橱窗面较多的店，例如大型的百货商场。

· 最容易营造气氛，体现故事的完整性。

· 不受周围环境影响，能充分展现产品（图1-71）。

3）半封闭式橱窗。后背与卖场采用半通透形式的橱窗称为半封闭式橱窗。它一般是通过半透明物件（如广告画、纱类织物、磨砂玻璃等）或是部分墙面与卖场相隔。该类橱窗的设计有一种"借景"的艺术效果，即同时借助内部的装修设计来吸引顾客的眼球，同时也突出了空间的层次感，但其橱窗自身表现的鲜明性不强。半封闭式橱窗的优点有以下两个方面。

图 1-71 封闭式橱窗

· 它方便、快捷，可以随着季节进行变更，能够非常及时地传达给顾客信息。

· 半封闭式橱窗能够很好地兼顾橱窗和店铺的同时体现，使用范围较广，实施方法灵活多样（图 1-72）。

图 1-72 用金属栅格做半封闭式橱窗

（8）橱窗的搭配方法。

1）要有一定的故事情节。在做橱窗陈列之前，要对整个橱窗场景构思好，我们要做什么样的主题？是商务休闲、城市经典还是旅游休闲。规划好相应的故事情节，要陈列展示的商品与本品牌的风格相吻合，体现一定的生活美感和现实感（图 1-73）。

图 1-73 橱窗陈列体现男装的商务休闲场景

2）要讲究道具和模特的摆放。模特和道具的陈放是制约橱窗美感的因素之一，模特和道具的摆放要讲究有远有近、有高有低的层次和错落的美感，要像油画静物那种陈放构图一样，努力在视觉上营造出让顾客舒服的美感。一般来说橱窗的整体构图是三角构图，整体给人的感觉很均衡很稳定（图 1-74）。

图 1-74 橱窗陈列整体构图体现均衡感

3）要讲究模特穿衣的风格、色彩与背景 POP 的主题、色彩的搭配和统一。模特衣服的展示和背景 POP 的展示要和谐呼应，和道具的颜色也要呼应统一（图 1-75）。

4）要讲究橱窗陈列的创意设计。创意在橱窗陈列展示中起着举足轻重的作用，有创意的橱窗会让消费者对这个品牌印象深刻，让品牌的形象无形地植入消费者心中，带来意想不到的艺术和广告效果（图 1-76）。

项目一 服装专卖店设计

图1-75 模特的服装与道具要和谐统一

图1-76 橱窗陈列的创意

（9）橱窗照明设计。商业店面的橱窗灯光照明设计是橱窗设计中的重要部分，橱窗是一个品牌店面的经典展示之地，也是一个品牌、一个店面展示自己品牌理念、品牌文化、新款商品的最佳方法。因此品位、艺术性、顾客的关注度都是检验一个橱窗设计好坏的方法。好的橱窗设计不仅要有好的构思、好的展示方法，还要注意一点，即是要做好橱窗的照明。

橱窗的形式多种多样，不管采取哪种形式的橱窗，灯光的设计都是非常重要的，是不可小视的。要达到好的展示效果，需要通过灯光的设计来提高整个橱窗的品质，增加橱窗的吸引力，加深过往的人们对这个橱窗所展示内容的印象。

在传统的橱窗灯光配置中，光源设备是隐藏的，它一般不被橱窗外部的观者所注意。橱窗灯光设计的方法类似于舞台灯光，照射角度较单一，不能满足变化的、各种风格的、各种布置效果的橱窗陈列。随着现代商业展示理念的发展，橱窗设计的新方法、新工艺也要求灯光照射方法的提高，很多橱窗为了达到更加富有创意的陈列效果，需要照明设计有很大的灵活性，可达到多角度照射。这样灯具本身的款式、风格也应与橱窗风格一致，不同题材、不同内容、不同风格所要求的灯具款式也不同（图1-77）。

1）照明的作用。橱窗照明的作用主要有以下几种。

·增加商品的色彩与质感。暖色调的光源照在暖色

图1-77 橱窗照明设计

调的商品上可增加其色彩的饱和度，贵重的金银首饰与精美的工艺品、玻璃器皿等通过理想的光线照射增加反光度，可显示材料的美感及加工工艺的细巧、精致。

·精巧的光束设计可增加商品与背景之间的空间感，色光更可以烘托出各种理想的气氛，达到预想的设计效果。

·更加吸引顾客的注意力。对于琳琅满目的商品，通过照明充分体现不同商品的不同特征、材料及色彩效果，利用有效的色光增加橱窗展示空间的特殊气氛来吸引购买者的注意力是必要的。

·有效的照明可增加商品的亲和力。经色光灯照射产生出的柔和感，并配合空间的实体感受，引发购买者对商品的亲和力，从而诱发消费者购买的动机和欲望。

·成功的照明设计使顾客通过视觉感受，自然而然

地接受商家的经营策略和销售方式。

2）橱窗陈列的照明方式。在橱窗照明当中，我们通常把橱窗的照明方式分为3种：主光、辅光、背景光。

· 主光。主光是指塑造环境和突出陈列物品的主要光线，它决定环境光效的特征、光影结构和人物形体的塑造。主光是画面中较明亮的光线，最容易引起人们的注意，因此它是画面造型、构图的重要因素。

主光必须有光源依据，是直接来自环境中的主要光源，主光产生影子，是画面中唯一允许存在的影子，照明人员处理橱窗灯光时首先应考虑主光。主光决定了画面光效和气氛。

· 辅光。辅光也称辅助光，是主光所未照到的背光面的光线，它决定景物阴影部分的质感和层次的表现，帮助主光塑造形体。辅光一般用宽光照明，不能在物体上留下影子；辅光的强度低于主光，不能破坏主光的光效。

· 背景光（环境光）。来自物体背后或周围的光线，主要以面光为主，在橱窗灯光设计中，通常起衬托物体形体、轮廓及烘托气氛的作用。

3）橱窗照明效果。

· 重点照明。将可调角度灯具安装在橱窗上方的顶板中，由上往下进行投光照明，照亮主要陈列物体，如模特。

设计要点：照亮服装陈列的主题，突出重点。

照明优点：突出表达主题，使顾客更能清楚接受橱窗陈列所想传达给顾客的感官意识和理念，使顾客能留下更深的印象。

可选灯具：嵌入式射灯、轨道射灯。

技术手段：可将灯具安装在橱窗上顶板的前1/3处。

· 通透式照明。将灯具安装在橱窗上方的顶板中，平均分布，由上往下进行投光照明，照亮整个橱窗内部空间，达到均匀通透的灯光效果。

照明优点：高照度的灯光及大面积的灯光亮面更能吸引远处顾客的视线。

照明缺点：照明效果单一、层次模糊、无重点之分，且无论你橱窗陈列如何变化，灯光则无法变化。

可选灯具：嵌入式筒灯、嵌入式射灯。

技术手段：可将灯具嵌入式安装在橱窗上顶板的前1/3处。

4）削弱橱窗展示的"鱼缸效应"与避免眩光。

· 鱼缸效应的起因与解决方法。鱼缸效应是一种室外景物在橱窗玻璃上的反射现象，是由于室外太阳光的影响导致橱窗玻璃两侧的光照程度相差过大造成的，它严重影响了路人观看橱窗的效果，降低了橱窗吸引路人的作用。

削弱鱼缸效应的方法有：若在建筑前期规划时考虑倾斜的橱窗玻璃，则根据景物在橱窗玻璃上成像的基本原理进行改善，将收到很好的效果；若是在店铺装修的前期，则可考虑橱窗部分的灯具多放一些，为的是白天营业时尽量让橱窗玻璃两侧的亮度差不会太大，并分组开关或智能控制，以便白昼削弱鱼缸效应时全部打开，而夜间营业时可相应地关掉部分灯具以节约能耗。若是在店铺经营时发现此问题的存在，则可在橱窗的顶部加装一些导轨射灯，或是在橱窗外搭置遮阳篷以削弱橱窗玻璃外侧的亮度。

· 炫光的起因与解决方法。橱窗的眩光即正常的视野范围出现的发光点或反射亮点，这些亮点能造成路人视觉上的不舒适，会导致橱窗把人流量转化成客流量的重要作用的减弱。

橱窗内灯具安装的位置不恰当，人流方向上会造成路人视野内的直接眩光，即便只是平常的路过，不舒适的眩光也会给路人造成不好的印象。解决这类问题，应在装修的前期就考虑好灯具安放的位置，或在灯具前端加些防眩的小配件，以削弱眩光的不舒适感，在一定程度上能满足防眩的要求。

店铺内灯具投射角度调节不当，会让驻足观看橱窗内商品的路人产生不舒适的直接眩光，这样会缩短路人停顿的时间或调头就走，而不进店光顾。解决此类问题，则要注意调节店内灯具的投射角度，尽量不影响路人观看橱窗的视野范围。被照物后的某些装饰背景若是反光材料，那么调节照明器具投射背景时，要注意调节的投射角度，避免在路人观察视觉范围内产生反射眩光。

（10）橱窗设计创意表现。橱窗作为商品视觉传达的一种媒介，需要通过艺术化的形式加以表现，才能被消费者所接纳和认同，进而产生消费意识。好的橱窗设计不仅仅是一种视觉营销手段，也是艺术与商业的完美结合。在橱窗设计中创造性地运用艺术化的语言，巧妙地使用创意表达手法，可以提高橱窗设计的艺术表现水准，激发人们的审美和关注，创造良好的广告效应。

1）突出主题。橱窗的布置往往是根据商品的特点设计一个场景，通过场景引发故事情节，引起消费者的共鸣。这个场景的设计需要一个主题进行统一，橱窗中的每个元素，包括模特、背景、配饰、道具等，都是围绕主题展开的。如果没有主题，橱窗仅是一个布满装饰品的空间，除了热闹外，毫无广告诉求的意义。创意的橱窗设计是加入了艺术表现手法，在创作构思中紧密围绕一个鲜明的主题展开，让消费者领会到商品的深厚内涵，激发消费者的认同感和购买欲望。

2）创造视觉焦点。橱窗的布置以商品宣传为主要目的，商品的宣传还必须能够吸引住消费者。橱窗的创意表现是要在橱窗设计中力图通过艺术形式为消费者提供视觉焦点，从而抓住消费者。这个视觉焦点可以是橱窗场景中的模特、背景、道具中的某一个，吸引消费者驻足观看，商品的宣传才能起到应有的作用。如果一个橱窗无法让行人注意到的话，其宣传也就失去了意义。

3）引发探求兴趣。橱窗通过场景营造的视觉传达，最终还是要引起消费者的兴趣，要让消费者感到好奇，希望到店内进行探索。这需要把握消费者的心理需求，橱窗的设计要有神秘感和启发性，用艺术化的创新手法激发人们的好奇心和兴趣，引起进店探求和消费的欲望。

四、项目检查表

项目检查表			
实践项目	服装专卖店设计项目		
子项目	服装专卖店店面设计	工作任务	服装专卖店店面设计
检查学时	0.5 学时		
序号	检查项目	检查标准	组内互查	教师检查
1	服装专卖店店面手绘方案草图	是否详细、准确		
2	服装专卖店店面电脑施工图	是否齐全		
3	服装专卖店店面电脑效果图	是否合理		
检查评价	班　级		第　　组	组长签字	
	小组成员签字				
	评语：				
	教师签字		日　期		

五、项目评价表

项目评价表						
实践项目		服装专卖店设计项目				
子项目	服装专卖店店面设计		工作任务		服装专卖店店面设计	
评价学时			1学时			
考核项目	考核内容及要求	分值	学生自评（10%）	小组评分（20%）	教师评分（70%）	实得分
设计方案	方案合理性、创新性、完整性	50				
方案表达	设计理念表达	15				
完成时间	3课时时间内完成，每超时5min扣1分	15				
小组合作	能够独立完成任务得满分	20				
	在组内成员帮助下完成得15分					
总分		100				

	班级			姓名		学号	
项目评价	第　组		组长签字				
	评语：						
	教师签字			日期			

六、项目总结

服装专卖店的店面设计属于室外设计，是整个设计项目中的一个重要环节，也是进行服装专卖店设计所必须掌握的知识和技能。相对于专卖店室内空间设计来说，店面设计涵盖面更广泛，包括招牌设计、橱窗设计、陈列设计、店门设计、POP广告设计、灯光设计等平面、装饰、装修综合技能。在这之前的项目训练，学生多数是进行室内设计，从事室外店面设计的机会不是很多，这就要求学生不能按照室内设计的惯性去设计店面，需要了解平面、广告、装潢等其他学科的知识，综合运用相关技能，才能较好地把握店面设计。

七、项目实训

（1）用快速表现的方式手绘店面方案透视草图、平面布置图和立面图。

（2）用CAD绘制店面施工图，包括平面布置图、天棚平面图、墙立面图、道具详图、节点图。

（3）用3ds Max和VRay制作店面电脑效果图。

八、参考资料

（一）图书资料

（1）蔡强，朱晓明，孙刚.商业建筑装修实用技术.上海：同济大学出版社，1994.

（2）宋寿剑，赵幸辉.展示空间设计.北京：中国建材工业出版社，2012.

（3）张绮曼，郑曙旸.室内设计资料集.北京：中国建筑工业出版社，1991.

（二）网络资料

（1）中国商业展示网 http://www.zhongguosyzs.com/channel/15263287。

（2）3D侠三维模型库 http://www.3dxia.com/。

（3）3DMO三维模型库 http://www.3dmo.com/index.html。

（4）设计之家 http://www.sj33.cn/。

项目二 化妆品专卖店设计

化妆品专卖店整体项目实施计划表	
一、项目导入	
（一）项目名称	化妆品专卖店
（二）项目背景	此项目为化妆品专卖店设计项目（化妆品品牌或类别根据实际项目拟定），位于商业区一层临街店铺，专卖店营业面积约为 200m² （虚线范围内），层高 4m，根据品牌及顾客对象特点完成室内装饰方案设计
（三）项目图纸	
二、项目分析	
（一）设计要求	（1）风格定位。设计要根据该品牌的特点和风格进行定位，装修以中高档为主。 （2）功能设计。功能划分要考虑专卖店功能划分的特点，合理安排化妆品展示、销售、收银、休息、通道的区域，符合防火、安全标准。 （3）考虑建筑本身的通风、水暖、电气的位置和走向，考虑建筑结构。 （4）建筑主体的改动要符合建筑规范
（二）项目成果要求	（1）手绘草图。化妆品专卖店平面布置草图1张、立面设计草图1~3张、透视草图1~2张（A4幅面）。 （2）电脑施工图。化妆品专卖店平面布置图1张、天棚平面图1张、地面铺装图1张、照明线路图1张、立面图1~3张、节点图1~2张（A3幅面）。 （3）电脑效果图。化妆品专卖店不同视角效果图2张（A3幅面）

（三）项目实施要求	（1）要求学生分组合作，自主完成，作品要有自己的创意。 1）班级分组，以团队合作的形式共同完成项目，建议4～5人为一组，每个小组选出1名组长，负责项目任务的组织与协调，带领小组完成项目。小组成员需要独立完成各自分配的任务，并保证设计方案的整体性。（后附班级分组表） 2）每个小组完成最为完善的设计方案，并制作整套图纸。选出1名组员负责方案的讲解和答辩。 （2）建筑结构、辅助设施在符合建筑规范的基础上进行有限度的改动。 （3）布局和功能合理，设计风格符合专卖店特点。 （4）手绘草图结构准确、设计思路表达清楚；电脑效果图构图完整、比例关系准确、场景表现效果良好；施工图符合制图规范要求，尺寸标注清晰准确，材料标注详细、使用合理

三、项目考核方式

（1）过程考核。通过小组成员在实训过程的态度表现，进行考核评分，包括出勤情况、完成任务的效率和质量、团队合作的情况等。这部分分值占总分的40%。

（2）成果考核。对学生在实训中完成的整套项目成果进行考核，包括任务完成的作品质量、方案陈述的情况等。这部分分值占总分的50%。

（3）综合评价考核。在学生最终作品完成后，邀请合作企业的相关人员，如设计师、工程技术人员与专业评价教师团成员，以行业企业的标准对学生的作品进行综合评价。这部分分值占总分的10%

四、学习总目标

知识目标：掌握服装专卖店基本概念、室内设计程序和设计方法。
能力目标：培养学生服装专卖店室内空间设计能力、电脑效果图和施工图绘制能力、设计表现能力。
素质目标：培养学生团队合作能力、设计创新能力、语言表达与沟通能力

五、项目实施内容

子项目1 项目调研	4课时
子项目2 化妆品专卖店总括方案设计	4课时
子项目3 化妆品专卖店室内设计	20课时
子项目4 化妆品专卖店店面设计	12课时

子项目1 项目调研

一、学习目标

（一）知识目标
（1）掌握化妆品专卖店调研客户的方法，调查客户背景资料。
（2）掌握化妆品专卖店现场勘查的方法。
（3）掌握调查表的编制方法。
（4）掌握化妆品专卖店原始现场资料的收集方法。

（二）能力目标
（1）培养学生设计项目调查能力。
（2）培养学生资料收集整理能力。

（三）素质目标
（1）培养学生团队合作能力。
（2）培养学生交际沟通能力。

二、项目实施步骤

（一）客户调研
派专人联系客户，初步了解该单位的基本信息和装修情况，并了解客户的基本装修意图；约定现场勘测的时间；准备好客户调查表，了解甲方详细的装修意向，并交流初步的设计意图。

（二）现场调研
各小组成员到化妆品专卖店施工现场测量尺寸，考察水电、消防、通风等管线的位置，画出现场的测量草图，用数码相机拍摄施工现场照片。

（三）收集整理调查资料
根据客户调研和现场调研情况，整理调查数据和资料，收集与化妆品专卖店有关的设计资料以供参考。

三、知识链接

（一）化妆品专卖店项目调研内容

1. 客户调研

（1）了解化妆品品牌。目前在我国化妆品市场上，无论是国际知名集团出品的品牌化妆品，还是本土企业的品牌化妆品，都受到广大消费者的喜爱。下面我们先来看看国际大品牌。

世界第一大护肤集团——欧莱雅集团，出品的顶级品牌HR（赫莲娜）、Lancome（兰蔻）、Biotherm（碧欧泉），还有彩妆品牌shu uemura（植村秀）、Maybelline（美宝莲）、药妆品牌Vichy（薇姿）、LA ROCHE-POSAY（理肤泉）、ls（杜克）、香水品牌Giorgio Armani Parfums（阿玛尼）、Ralph Lauren Parfums（拉尔夫·劳伦POLO）、Cacharel Parfums（卡夏尔）、发用品牌KERASTASE（卡诗），以及三线品牌欧莱雅、羽西和小护士等。

宝洁公司出品的顶级品牌SK-II（Maxfactor）、Olay（玉兰油）、Illume（伊奈美），男士品牌Boss Skin，彩妆品牌Cover girl（封面女郎），亚洲区第一彩妆品牌ANNA SUI（安娜苏），香水品牌Dunhill（登喜路）、Lanvin（朗万）、Paul Smith（保罗·史密斯），洗护品牌飘柔、海飞丝、伊卡璐（Clairol）、舒肤佳等。

雅诗兰黛集团出品的顶级品牌La Mer（海蓝之谜）、雅诗兰黛、倩碧，顶级限量彩妆品牌Tom Ford（汤姆福特），彩妆品牌Bobbi Brown（芭比波朗）、M.A.C（魅可），香水品牌Tommy Hilfiger（唐美希绯格）、DKNY（唐可娜儿）、Aramis（雅男士）等（图2-1）。

图2-1 雅诗兰黛化妆品

资生堂集团出品的顶级品牌Cle de Peau（CDP）、IPSA（茵芙莎），男用品牌UNO（吾诺）、俊士，中国专售AUPRES欧珀莱、Za姬芮等（图2-2）。

联合利华出品的护肤、彩妆、香水品牌Elizabeth Arden（伊丽莎白·雅顿），日化品牌力士、夏士莲、旁氏、奥妙、中华、洁诺、凡士林等。

图2-2 资生堂化妆品

LVMH集团出品的护肤品牌Guerlain（娇兰）、Christian Dior（迪奥）、Givenchy（纪梵希），彩妆品牌Makeup forever（浮生若梦）、SEPHORA（丝芙兰），香水品牌KENZO（高田贤三）、fendi（芬迪）、Celine（赛琳）等。

爱茉莉太平洋集团出品的顶级护肤品Sulwhasoo（雪花秀）、Innisfree（悦诗风吟），二线护肤品牌Laneige（兰芝），一般护肤品牌Mamonde（梦妆）、LIRIKOS（蕾俪蔻），彩妆品牌ETUDE（爱丽），男士护肤品牌豪男，香水品牌Lolita Lempicka（洛俪塔）、Espoir（艾丝珀）等。

还有很多我们非常熟知的品牌，比如法国的欧洲之萃、香奈尔，巴黎的贝丽丝，意大利的范思哲，美国的雅芳、雅姿等。以上是一些知名国际集团出品的品牌化妆品，下面我们看看我国的本土化妆品品牌。

上海家化的六神、清妃、美加净、佰草集、COCOOL、高夫、梦巴黎，北京三露厂的大宝，奥尼化妆品有限公司的奥尼、西亚斯、百年润发，珠海姗拉娜化妆品公司的姗拉娜、喜肤，四川可采实业有限公司的可采眼贴膜，广东雅倩化妆品有限公司的雅倩、清逸、佳雪、玉丽，隆力奇生物科技股份有限公司的隆力奇，南京珈侬生化有限公司的TJOY（丁家宜）（图2-3）、上海相宜本草化妆品有限公司的相宜本草、伽蓝国际美容集团的自然堂、广州采诗化妆品的Caisy（采诗）等。

综上所述，不难看出国内外的各大集团公司，所出品的化妆品涉及种类繁多，品牌更是浩如烟海。所以深入调研，掌握品牌化妆品背后的基本信息，才能有的放矢，明确设计理念。

图2-3 丁家宜化妆品

（2）了解品牌的企业信息。进行化妆品专卖店装饰设计之前，首先调研品牌所在企业的背景和性质，企业所在地域国家、资金构成、生产方式、经营模式、主打产品、文化理念等；然后了解专卖店开设方式，是某大型卖场内的区域专卖店，还是独立门面的专卖店。通过全面了解企业信息，才能理解化妆品专卖店所包含的企业文化、产品营销、设计风格等内涵，提高设计效率。

（3）了解品牌的知名度。品牌知名度是指潜在购买者认识到或记起某一品牌是某类产品的能力。品牌的知名度一般分为3个层次。最低层次是品牌识别，即消费者能够说出他所知道的品牌。品牌识别可以让消费者找到熟悉的感觉，人们喜欢熟悉的东西，有时不必评估产品的特点，熟悉这一产品就足以让人们作出购买决策，在选购品牌时是至关重要的。中间的层次是品牌回想，是指消费者在购买商品时，往往会回想该商品的各个品牌，并确定其中的3~4个品牌，能够想到的第一个品牌往往会优先选择，能左右潜在购买者的采购决策。最高层次是第一提及知名度，消费者能想到的第一个品牌名称已经达到了铭记在心的程度，这意味着该品牌在人们心目中的地位高于其他品牌，该品牌的社会知名度非常高，影响范围大。

品牌化妆品专卖店的主要作用是帮助企业进行产品推广和营销，如果品牌知名度有限，专卖店必然要突出

品牌特色和产品优势，进行不遗余力的宣传，空间设计会比较张扬；如果品牌的知名度很高，仅通过品牌标志就可以达到宣传目的，空间设计可以比较低调。

（4）了解品牌的产品范围。品牌的产品范围一般包括两个方面：首先，同一个产品会有顶级、一线、二线甚至三线品牌，档次分成高中低档；其次，同一个品牌下，会生产多种产品，比如"兰蔻"这个品牌的化妆品，除了生产护肤品外，还有彩妆、香水等相关产品。

化妆品专卖店的销售范围会根据自身特点、消费受众进行拓展或限制。有些品牌化妆品专卖店不仅仅销售化妆品，和化妆品相关的同品牌刷具、镜子、便携化妆包等都会搭配出售；而另一些品牌化妆品专卖店销售商品仅局限于男士化妆品、女士化妆品或药妆，例如理肤泉专卖店就只销售药妆，而吾诺专卖店一般只销售男士化妆品。

（5）了解品牌的文化内涵。所谓的品牌文化，是指品牌在经营中逐渐形成的文化积淀，它代表着品牌自身价值观、世界观。形象地说，就是把品牌人格化后，它所持有的主流观点。再说得直白一些，它是一种能使消费者对其在精神上产生认同、共鸣，并使之持久信仰该品牌的理念追求，能形成强烈的品牌忠诚度文化。通俗一点地说，好比民间神话人物的雕塑，实体商品就如雕塑本身，而品牌文化则类似于神话故事中那些被人津津乐道的人物性格。

品牌文化是品牌在经营中逐步形成的文化积淀，代表了企业和消费者的利益认知、情感归属，是品牌与传统文化以及企业个性形象的总和。与企业文化的内部凝聚作用不同，品牌文化突出了企业外在的宣传、整合优势，将企业品牌理念有效地传递给消费者。品牌文化是凝结在品牌中的企业精华。

品牌的文化内涵应该包括下面3点：引人入胜的故事，品牌理念的号召力，文化内涵的凝聚力。实质上也是品牌的文化价值和心理价值。品牌文化的核心是文化内涵，具体而言是其蕴涵的深刻的价值内涵和情感内涵，也就是品牌所凝练的价值观念、生活态度、审美情趣、个性修养、时尚品位、情感诉求等精神象征。

品牌就像一面高高飘扬的旗帜，品牌文化代表着一种价值观、一种品位、一种格调、一种时尚、一种生活方式。它的独特魅力就在于它不仅仅提供给顾客某种效用，而且帮助顾客去寻找心灵的归宿，放飞人生的梦想，实现他们的追求。优秀的品牌文化是民族文化精神的高度提炼和人类美好价值观念的共同升华，凝结着时代文明发展的精髓，渗透着对亲情、友情、爱情和真情的深情赞颂，倡导健康向上、奋发有为的人生信条。

了解品牌的文化内涵，就能够理解企业的经营理念、营销模式、价值观念，将企业的文化融入到专卖店的设计中，更好地彰显专卖店的风格与个性。

（6）市场定位。市场定位是指企业根据竞争者现有产品在市场上所处的位置，针对顾客对该类产品某些特征或属性的重视程度，为本企业产品塑造与众不同的、令人印象鲜明的形象，并将这种形象生动地传递给顾客，从而使该产品在市场上确立适当的位置。

市场定位所依据的原则如下。

1）根据特点定位。构成产品内在特色的许多因素都可以作为市场定位所依据的原则。比如所含成分、材料、质量、价格等。例如一瓶SK-II护肤精华露的市场定位主要是面向高消费人群，使成熟女性的肌肤细致水嫩、晶莹剔透；而美加净银耳珍珠滋养霜的市场定位则针对大多数中低端消费群体，价格低廉、男女通用且具备一定的保湿补水效果。

2）根据用途定位。琳琅满目的化妆品，其用途也是不一样的。比如，彩妆主要依靠化妆师的巧手和灵感描画于面部，使女性形象更美丽，更令人关注或者更加突出，主要采用有保养成分的爽肤水、润肤霜、隔离霜和防护霜等护肤化妆品，以及粉底霜、粉底液、粉底膏、腮红（胭脂）、蜜粉（散粉）、眼影、眼线笔、眼线液、眼线膏、水溶性眼线粉、睫毛膏、唇彩、口红等化妆材料。而洗护化妆品主要是清洗和护理皮肤，使肌肤保持干净水润，主要产品为洁面乳、液类和保湿霜、露类。

3）根据使用者定位。企业常常试图将其产品指向某一类特定的使用者，以便根据这些顾客的看法塑造恰当的形象。比如雅诗兰黛品牌化妆品，消费群定位于中年女性，能够淡化老人斑、黑斑，改善细纹，有修复、焕颜的效果。

（7）营销形式。

1）品牌专卖店。这种化妆品销售方式通常为比较成熟而又有实力的品牌。这类营销形式服务周到，产品档次高，有休闲俱乐部感，更能体现社会身份与地位，因此，较能吸引认同中高端阶层的女性消费者。

2）百货商店专柜。在大型百货商店中通常都有护肤品专区专柜，销售多个品牌的化妆品。这类营销形式满足的是女性一次性购买，女性可以自行使用和搭配产品，加上购买现场的公开性，较适合认同"小资"阶层的女性消费者。

3）超市专柜销售。在中国大中城市，女性日常用品的购物场所离不开超市，因此，越来越多的化妆品进入超市设立专柜。但是，超市的大众化性质决定了女性消费者对其中销售的护肤品品牌知觉定位不会太高。这类购买地点较适合普通女性购买化妆品，因为，这类女性对品牌要求不高，而对价格的敏感性又比较大，方便性、价格合理是最吸引认同大众阶层女性消费者的特点。

4）化妆品专卖店。市场上还存在大量的化妆品专卖店，专门销售各类、各种品牌的化妆品，销售人员形象和推销技巧是吸引女性消费者的重要因素。这类专卖店一般会包括各个档次的产品，表现出"大杂烩"的形象，一般只能吸引认同大众阶层的女性消费者。

（8）功能要求。化妆品专卖店是集商品展示、接待客户、仓储和收银等功能为一体的独立空间，因此不仅要展示不同种类的化妆品，设计便捷舒适的购物路线，还要注意收银与仓储区域划分的合理性。具体的化妆品展台、展柜、橱窗、店面的功能设计及其他的一些特殊功能要求，都需要和甲方深度沟通，对甲方的要求了解越细致越好。

（9）风格要求。化妆品专柜总是不断地变换风格以适应不同季度的产品。春季使用绿色可表现盎然春意，红色系可以在冬天使用来突出温暖，夏季用蓝色可表现清凉。销售员的服饰也可以根据季节来突显主题。一般说来，化妆品专卖店的墙壁应该以白色为主，因为白色配色广泛，可以和很多色彩搭配，如窗帘、展架、站台的颜色等。这样相对于大型装饰成本就降低不少。没有个性就没有特点，当然，化妆品店一定要显示出自己店面的品牌性和独立性的风格，建立起在消费者心目中品牌个性的形象。没有独特的魅力，顾客就不会经常光临，尤其是随着季节的变化，美容产品的更新，化妆品店面的主题更应该常换常新。

2. 现场调研

（1）化妆品专卖店环境调研。兵法云："兵之胜，地之助。"说明地理位置的重要性。专卖店的位置决定着大约50%的营业额，在行业中有一步差三市的说法，即使差不多同样的地段，店面之间差一步，生意却会差很多。由此可见位置对于专卖店是多么的重要。专卖店的选址一般是根据定位和面对的消费群体来做出判断的。如果要经营高价位的品牌，主要针对年轻白领的化妆品，就应该选在消费层次较高的女性聚集区域，如精品服饰店、珠宝首饰店、高档的写字楼旁等；如果是中等价位的，针对年轻一族的化妆品，就应该选择在高档快餐店或者高校附近的繁华街道。另外还要重点考虑自己的经营水平和经验、资金等，开在不同的地段，价格也会有天壤之别。

化妆品店根据其所处环境的不同，一般分为以下几种形式。

1）依附式店或店中店。最典型的当属肯德基、麦当劳和屈臣氏。其店面一般开在人流量特别大的超市和大的卖场旁边或里面，依附着大型商超给自己带来客源。化妆品店也一样，依附式店铺客源集中，营业额比较稳定，但有可能租金等费用导致经营成本高。这类店铺对经营水平和品牌的影响力以及营业员专业水平要求较高，经营者必须具备一定的经验和资金才能把店开在这种地方，否则会做得很累，一般不太适合初入行的人进入。但优势也是非常明显的，一般不会存在客流不足的问题，只要能把大量的客流拦截到自己的店里，生存不会有太大的问题。

2）商圈精品店。这类店铺坐落在相对繁华的闹市区，开在商业街和步行街上，离大型的商超可能比较远，但人流相对较大。这类商圈可能在城市中算不上一类，

但也会吸引一些消费者，绝大多数化妆品专卖店都坐落在这一类的商圈中。这类店要求店铺有很好的形象，很有优势的终端品牌，要有好的营销策划活动推广，另外要有很好的差异化服务，这样才能让顾客记住，而不至于淹没在其他的化妆品店之中。

3）服务社区店。由于城市面积在逐步扩大，社区越来越多，在社区中开店也不失为一种好的选择。社区店会有很好的发展前景，这样的店客流一般比较小，但是租金会非常的低廉，主要是面向本社区内的顾客，只要做好服务，形成良好的口碑效应，社区型化妆品店一般经营得比较稳定。

处在繁华商业区的化妆品专卖店，客流量自然比较大，如何将商品的特色充分发挥，创造出独特的创意来吸引顾客，是设计的重点；而专卖店开设在非商业区，则需要通过环境的设计来进行店面宣传，吸引顾客。此外，道路交通、人流动线、门口朝向、附近店铺等，都是专卖店环境调研需要考虑的内容。

（2）化妆品专卖店建筑结构调查。进行现场调查，掌握室内空间尺度的关系，熟悉建筑结构，测量室内详细尺寸，画出测量草图。测量草图要标明室内空间的平面尺寸、梁柱尺寸、天棚、门窗洞口高度等详细的原始数据。用照相机、录像机拍摄室内外空间环境和细节，记录影像资料。

（3）化妆品专卖店管线结构调查。专卖店作为经营场所，对电气、消防、通风要求都比较高，关系到专卖店运营的安全以及舒适性。进行现场调查要了解管线布局、强弱电控制开关、上下水管线、消防喷淋、通风管道等，然后在设计中考虑怎样解决这些问题。

（二）化妆品专卖店调研方法

1. 测量现场

测量现场的方式常用有目测、步幅测、卷尺测、激光测距仪等。其中目测和步幅测是最便捷的，估计大概的尺寸，卷尺测、激光测距仪测量则是获取精确尺寸数据。

（1）测绘工具。卷尺、电子测绘仪和照相机等。

（2）原始建筑资料。建筑的原始结构，功能区域图纸及照片。

（3）重点测绘。细节立面和层高最容易被忽略，需要特别留意。

（4）标注窗户的尺寸。需要测量窗台的高度，窗户本身的高度，窗户顶部到楼板底面高度，以及窗户的宽度。

（5）标注梁和楼板的标高。注意梁和楼板的标高标注的，是梁或楼板下边缘至地面的净尺寸。

（6）标注水管和地漏。标注水管的原始走向节口，分水管沿墙壁的走向尺寸。测量地漏下水通道位置，检查出水量。

（7）测量电路。了解总电源进口线路及电路分支线的功能分布。

（8）资料收集。比如业主的要求、功能分布、必要的设计元素、设计尺寸数据等。

2. 建筑内外环境考察与分析

（1）地理位置。观察该建筑与比邻建筑之间的关系，简单地速写该建筑的外观，揣测建筑的设计内涵，把握建筑的特征，作相应的设计处理。

（2）分析交通。观察主要车流和人流的方向，避免专卖店的出口与其产生交叉，形成阻碍；同时可以把标志性构造或广告、宣传屏等，设置在视线好的位置，引起顾客关注。

分析周边的环境，可以知道专卖店所处建筑的优势和劣势，运用设计手法来调整客观条件的不足，从而达到最佳的商业条件。

（3）分析重点与非重点区域。将室内外空间划分出主要设计区域，比如视线较好的区域，和外界景观空间联系密切的区域。这样的重点区域应当布置重要的功能空间，使展示、销售空间位于最理想的位置。

（4）分析采光。查看自然光的光照时间和范围，对室内外空间有什么样的影响；在设计中用人工照明，弥补照度不足，控制光照范围的大小；主要商品的展销部分布置在采光充足的区域。

3. 洽谈沟通

沟通能力是设计师的基本素养，与客户沟通前，首先要收集客户的资料，可以通过多种途径来进行，例如通过客户的行业杂志及互联网等。只有准确地了解了客户的需求，才能有的放矢赢得客户的关注。分析客户的需求，以便明确可以给客户提供哪些设计方案，综合考虑客户经营的行业以及在这个行业中所处的位置。

给客户电话的目的是赢得面谈的机会，事实证明，面对面的沟通是最有效的留住客户的方式。利用电话接近客户不同于电话销售，电话销售是通过电话向潜在客户展示自己的产品和服务，以获取客户的订单；而利用电话接近客户是通过电话来赢得与客户见面的机会，通过面谈以获取客户的订单。电话销售以及诸如此类的销售方法的成功率又低于面谈销售的成功率。因此，我们要善于通过电话获得与客户面谈的机会。

打电话接近客户时的常见错误有以下几种：①抨击竞争对手：这是很不专业的行为，会给客户留下不好的印象；②电话里谈论细节：在电话中可以简明扼要地介绍自己公司的优势，避免谈论细节，因为在客户不了解全面情况的条件下，容易因细节不合而失去兴趣；③不清楚谁是客户：越多地了解客户的情况就对后面的交谈更有利，此时知道客户的名字更容易使决策人接听电话，也会使对方有被尊重的感觉；④在电话里与客户讨价还价，是不正确的步骤，应该在确认客户的需求后，才面谈合同条款。

设计师在洽谈过程中要有亲和力，能准确地回答客户关心的问题，传达一些新鲜的理念和信息，要有独到的见解，与其他设计师相比更为优越，就是客户期待和憧憬的。因为客户不只是指定一个设计师和一个装修公司，他需要比较，比较中能者取胜，这就要求设计师必须具备较强的沟通能力。面对客户时，不是要急于推销设计理念，而是把设计师自己推销出去，取得业主的信任。只有成功推销了自己，才能把所在的公司推销出去。

（1）创造良好的沟通氛围。首次与业主见面很重要，设计师要给业主良好的印象，对自己要自信。在和业主交谈时，先倒一杯热茶，最初交谈尽量少说话，多听听业主的想法，尽可能从对方谈话的细枝末节中，掌握业主的各方面基本情况，比如背景、喜好、经济能力等。交谈时不能以一问一答的形式进行，注意调节沟通的气氛，在适当的时机展示一下幽默感。在公司强大的声誉和制度背景下，动用个人的人格魅力去影响客户，利用短暂的接触尽快地和他做朋友，无论客户的个人性格有什么缺陷，都应该尝试着去喜欢他，本来世界上也没有完美的人。必须注意，不能和业主谈到没话可说，出现这种情况，设计师要灵活多变，恰当地转移或提出新的话题，让业主对你产生好感和信任感。

如果业主带来了建筑平面图，可以先听听他对自己店面的看法，他要是说不知道该怎么做，就有可能是在考验设计师了，也许他在来之前已经找过很多设计师谈过。这时要用语言技巧套出客户的想法，按照平面给他描述一个常规点的布局方案，如果你对平面的某个局部很有灵感，就尽量展示你的能力。但要记住不能犯错误，不能被业主的问题难住，因为你才是专业的内行，遇到有些东西的确不清楚，要尽量用语言技巧避开。

研究客户的图纸，房屋结构的优点和缺点，应该怎么处理，然后，在客户不注意的时候，获取我想知道的情况，如：客户想要做成什么样的风格，准备花多少钱投入装修，客户最看重的是什么等。如果你想好了这些问题，再利用房屋结构上的不足，说出你认为应该怎么样来处理比较合理，或者和客户探讨怎么来处理，这样和客户交流的空间就很大了。

（2）在信任的基础上进行沟通。与人交流关键在于求本质、抓要点。作为客户，找设计师无非是要通过设计人员的工作来实现他的最终目的。所以，应先通过交流找到客户的根本目的，比如仅需要通过设计实现商业赢利的目的，还是要同时满足他的虚荣心等。这些一般都会通过交流表露出来，然后就抓住这个要点，利用自己的专业知识和综合经验，站在客户的立场上设身处地地进行分析，在这个基础上去扩展自己的设计理念，引起他的共鸣和信任。

作为一个专业的设计师，应该对材料及价格了如指掌，在给客户讲解的时候才不会被难倒。其实设计师和推销员有一定的共同点，就是要客户认可你的产品（设计）并最终买下你的产品（设计）。在10min之内让客户充分了解自己的设计理念及设计亮点，还有材料的应用及质地规格，把所有业主所顾虑的问题都基本说明白，

业主会被你的专业知识、对空间的分析和如数家珍的材料讲解所折服，就能够产生信任。

（3）洽谈要控制客户的期望值。使客户满意的关键点是控制客户的期望值，如实地反映自己的真实能力。要使客户满意，不仅仅要不断提高设计水平和工程质量，还必须按自己的实际能力，有效地控制你的客户对设计方案和工程施工结果的期望值。

比如，我们过去的工程做得很一般，但是客户很满意，这是因为我们的工作成果超过了客户的期望值，所以客户满意。而我们认为很好的工程，客户却不满意，这是因为客户的期望值超过了我们的工作成果。控制客户的期望值，尽可能准确地描述你的服务内容及水准。但在许多情况下，客户可能还是会失望，因为他有更多的期望，而这些期望在购买你的设计服务后并没有得到满足。

因此，在描述设计创意后，你还得描述将会发生什么样的变化，如果这种变化是非常随意主观的，你的问题还是得不到解决，如果这种变化被定量，你进了一大步。此外，你还得了解客户是怎样评估这种变化的，与你的评估标准是否一致。客户的期望有时会被当成猜想，你得限定这种期望值的想象空间。

因为期望值亦会随着状况的变化而变化，你还得与客户经常交流，明确客户的期望值，双方达成共识。如果期望值与实际有距离，你应详细与客户讨论，以使这种期望值处于你可以接受的范围内。如果为了得到客户而误导客户，玩文字游戏，赋予客户很大的期望值和想象空间，麻烦将会随之而来。

（4）设计过程中沟通的步骤。进行到谈图纸阶段时，应该遵循一定的步骤，因为每个方案无论大小，都是你对自己心中设计理论体系的阐述。

1）阐明自己的理论基础，并且动用自己擅长的任何引导或说服手段打动客户，使他接受并喜欢我们的理论。这个工作在见图前就该进行，比方说一个电话或见图前设计过程中的一个约见。因为我们强调的理论（比如功能至上、反对形式等），对于某些客户来说，需要时间考虑。这个阶段的目的是使客户在见图前先提升认识，并有充分的准备来接受我们的理念。

2）拿出一个精彩的设计说明。文字的魅力是对图纸的一个补充，事实上文字最容易引起客户的好感，同时设计说明也使很多难以表达的意念从容地表达出来。对于抽象事物的阐述文字比话语更系统，更具有参照性。一个优秀的设计师，必然是个博学的人，文字的功力也很重要。这个步骤的目的是让客户感觉到我们的工作扎实到位，并且体现我们的专业素质，使客户对我们的公司和设计师产生好感。

3）用最负责任的态度讲述平面布置图，因为几乎90％的功能组成在这里都有最直观的展现。这就要求我们的工作具有严谨性，平面布置图要和其他图纸保持统一。谈平面布置图时，目的不仅仅是使客户了解平面布置的方案状况，还要使客户欣然接受我们提倡的追求功能至上、以人为本的理念，从而对公司和设计师本人认同乃至对方案初步认同。这个时候有些客户可能会产生烦躁的情绪，这说明谈话不是很成功，没有打动他，或者设计方案存在问题，但以后的步骤或许可以弥补。一般通过观察客户，我们认为这个阶段的目的达到后，可以进行第4步。

4）讲效果图之外的其他图纸，这个步骤的目的是让客户充分了解每个细节，了解我们为他们作的工作细致入微，在我们的描述中带他走入这个环境，让他对这个环境感到亲切并意识到这就是他的领地。如果方案没有太大缺陷的话，这个步骤将会很流畅。达到这个目的后，可以进行第5步。

5）效果图是最敏感最易产生异议的，所以放在最后。如果以前的步骤顺利，效果图不太好，你可以说"效果图永远赶不上我为你真正打造的空间生动，这正是空间的灵动和电脑的悲哀"；如果前面的步骤不顺利，漂亮的效果图会挽回局面，你可以说"你看这么迷人的环境，其实就是前面枯燥的数据，这正是现代设计完全数据化的魅力"。

在桌子上至少应该有3种东西，一套图纸（含预算）、一本正式的客户意见笔记本、一张稿纸。每个步骤中，客户可能会有些意见，随时记在笔记本上，绝对不可在图纸上乱画。虽然这不是正式给客户的图纸，但是如果你都不珍惜自己的图纸,更别想让客户在乎你的设计。这个笔记本还可以记录客户对预算的意见。对于图形的描绘可以在稿纸上进行,有用的话加在图纸里,而不能画在笔记本上,这样客户会感觉你在乎的意见。

(5) 把握好客户的心理。这是一个很宽泛的概念,只能从几个点来分析。把握好客户的心理其实就是揣摩他的心理。

1) 揣摩他是个什么性格的人,这有助于击破他的心理防线。有些人很强硬,工作很不好做,就需要让他知道你很尊重他,你需要先肯定他,再引导他,并让他明白,你的方案再好也和他的水平分不开,你的理念再高,也和他相匹配。有的人细致,我们想的建议比他还要细致。有些人没有主见,常常拿不定主意,这时候正是我们帮他作决定的时候。

2) 揣摩他的经济实力,使你的建议或方案切中他的承受能力,这有助于使甲方感觉放松和安全,并为自己的消费行为增加信心。

3) 揣摩他的生活方式,这有助于你和他做朋友,在最初的接触中,就要走入他的家庭,成为他们当中的一员。

4) 揣摩他的品行和人际关系,这有助于保护我们自己。

5) 揣摩他的感情世界,这有助于你找到一种他喜欢的姿态或形象,在短时间内取得他的好感和信任,并使你的理念和今后的方案中标。无论一个客户的背景如何、品行如何、财富如何、对你的信任程度如何,他都是真实存在的,都有他的思维和感觉,都有自己想表达的东西,只是他喜欢不喜欢对你说的问题。最好的办法就是想办法让他对你开口,如果他不懂设计,或和你有着太多的不同而不愿开口,那么你可以提问题并做记录,总之就是想法让他在轻松的气氛里和你开口、向你倾诉,无形当中你就变成了能够给他帮助的人,他对你讲的越多,对你的好感也越多。每个人都该明白,和客户的交往(尤其是最初的交往)就是心灵的交往,绝对不该过于现实(仅仅停留在方案上),用你的心灵、你的感情赢得他的好感和尊重,用你的人格魅力击破他的防线,取得他的信任。

四、项目检查表

项目检查表					
实践项目		化妆品专卖店设计项目			
子项目		化妆品专卖店项目调研	工作任务		施工现场调研
检查学时		0.5 学时			
序号	检查项目	检查标准	组内互查		教师检查
1	化妆品专卖店项目调研工具	是否齐全			
2	化妆品专卖店现场测绘图纸	是否准确			
3	化妆品专卖店调研记录	是否详细			
4	化妆品专卖店调研报告	是否完整			
检查评价	班 级		第 组	组长签字	
^	小组成员签字				
^	评语:				
^	教师签字		日 期		

五、项目评价表

项目评价表						
实践项目	化妆品专卖店设计项目					
子项目	化妆品专卖店项目调研		工作任务		化妆品专卖店项目调研	
评价学时			1学时			
考核项目	考核内容及要求	分值	学生自评（10%）	小组评分（20%）	教师评分（70%）	实得分
客户调研	调查内容详细、完整	25				
现场调研	测量尺寸准确、细节调查全面	25				
资料收集	相关资料收集完整	15				
完成时间	3课时时间内完成，每超时5min扣1分	15				
小组合作	能够独立完成任务得满分	20				
	在组内成员帮助下完成得15分					
总分		100				
项目评价	班　级			姓　名		学号
	第　　组		组长签字			
	评语：					
	教师签字			日　　期		

六、项目总结

不管是在学校进行项目实训，还是毕业之后从事室内外设计工作，项目调研都是设计程序的第一步，是开展设计不可缺少的环节。项目调研的主要目的是了解该项目的现场环境、建筑相关数据、甲方要求等，为设计提供依据。调研前要做好准备，携带好测量工具、笔、纸、数码相机等，做好调研计划和分工；现场测量记录时要详细，空间尺寸、建筑结构、各种管线等都要完整记录。最后，要将调研收集的资料归纳整理，绘制现场原始平面图，并撰写项目调研报告。

七、项目实训

（1）调查化妆品专卖店现场，并测量建筑尺寸。
（2）与客户进行洽谈沟通，了解客户设计要求。

子项目 2　化妆品专卖店总括方案设计

一、学习目标

（一）知识目标
（1）熟悉化妆品专卖店方案策划流程。
（2）掌握化妆品专卖店的人体尺度。
（3）掌握化妆品专卖店的设计方法。

（二）能力目标
（1）培养学生资料整合能力。
（2）培养学生方案策划能力。

（三）素质目标
（1）培养学生设计创新能力。
（2）培养学生独立解决问题能力。

二、项目实施步骤

（一）根据现场测量尺寸绘制原始平面图
根据现场勘测的尺寸数据和草图，使用 CAD 辅助制图软件，按照 1∶1 的比例绘制建筑原始平面图，作为方案设计的基准图纸。

（二）制定初步设计方案
根据现场勘察结果、项目调研报告和原始平面图纸，搜集设计相关参考资料，初步规划平面设计方案，设定风格、色彩、材料、家具和灯具样式等。

简单地在图纸上圈出功能空间在建筑中的大概位置，充分考虑功能空间的相互关系。确定功能性在建筑空间中的位置，划分出主次，设定动静区域，充分考虑人流关系和采光效果。

（三）绘制专卖店平面规划草图
根据初步设计方案，对化妆品专卖店的平面布局进行总体的规划，按照化妆品展示、存储、销售、接待、交通等功能区域，来确定专卖店各部分大致的位置和所占用的空间面积。

设定墙体和隔断，运用基本空间尺度，使空间符合功能化的布局。进一步分析各功能空间之间的逻辑关系及各空间的照明、通风、人流动势、消防安全等其他设计因素。设想空间局部的处理方法。注意墙与墙在平面构成中的关系，空间与空间之间的联系，使墙与空间形成视觉上美观的效果，达到几何美学的要求。

三、知识链接

（一）化妆品

1. 化妆的内涵
化妆是基于信仰的符号，像今日非洲未开化的土著，在祭祀的时候，不论男女都在脸上涂抹鲜艳的色彩。嘴巴是人类摄取食物的重要器官，为了不让祸从口出，便在嘴的四周涂上红色或者黑色，便演变为口红。而在埃及的沙漠地带，为防止剧毒的虫子跑入眼内，就在眼睛周围涂上驱虫草药，就导致眼影的产生。由此我们了解，化妆的原意是人类想隐藏与生俱来的弱点，有要求扭转运气、消灾的意义存在。

化妆是妆饰的一部分，妆饰包括化妆、发式和配饰 3 部分。妆饰的目的一是为了生存需要，二是为了繁衍。由于原始社会距离今天太遥远，考察面部的化妆已经不可能了，再加上那时几乎没有文字，只能依据后世的传说展开想象。夏、商、周之后，才开辟了中国化妆史一个崭新的纪元。由于周代的文学、哲学和史学都异常发达，因此有大量丰富的文献资料可以参考，这些都为化妆文化提供了宝贵资料，这个时代是"素妆时代"，但是人们已经会用脂、泽、粉、黛来化妆了。秦汉时期由于秦朝的历史很短，但是大致可以看出来当时是一改周时的素妆，以浓艳为主了。魏晋南北朝时期，不仅化妆品精致齐全，此时妇女还有专门的妆具，妆面可谓异常多彩。隋唐五代时期，由于隋代崇尚节俭，因此面妆上的记载不是很多，而唐代是一个崇尚富丽的朝代，因此浓艳的"红妆"是此时最为流行的面妆，另外还有很多不同的妆面。宋辽金元时期的化妆，一方面较之唐代要素雅、端庄得多，但另一方面崇尚华丽、新颖之风并未减弱。明清时期的化妆，总的来说，在妆面上更简约、清淡。

民国时期的女子们不论是化妆品还是化妆术，受西方影响日益深刻，尤其是美国好莱坞影星的化妆造型，直接影响了中国影星的审美喜好（图2-4）。

图2-4 化妆品

2. 化妆品的起源

人类使用化妆品的历史悠久，从发现的陪葬品、壁画、雕刻以及生活遗迹中推测，化妆品的出现与使用是很久远的事了。考古学中发现的最先使用化妆品的记载来自埃及，时间大约在公元前3750年，从使用香料开始的。

埃及贵族沐浴后使用的香油香精便是香料工艺最早的产品，此外圣徒朝圣时用于涂抹全身的芳香物油脂，以及用于防腐处理的药物也都是香料。香料在当时大多是与药物合为一体，兼具美容与治疗的功效。香料的来源是天然芳香物，通过捣碎或浸泡的简单加工方式制成。经过几千年的进化，才有了今日使用蒸馏技术加工出的芳香物——香水。到15世纪，欧洲进入文艺复兴时期，文化空前繁荣，人类的精神和物质文明都有了空前强大的发展环境。法国男子在假发上扑香粉，在脸上点痣，以及将面色尽用脂粉盖去的奇特的化妆风格，宣布了男性在化妆领域的加盟。此时，化妆品已从医药系统中分离出来，成为单独的制造行业。19世纪有机化学得到发展，有机合成技术发达起来，油脂的加工、香料的提取与合成、染料与活性剂的合成为化妆品的制造提供了丰富的原料。这才有了第二次世界大战以后化妆品的国际化发展时期。

我国是文明古国，中华民族也是最早懂得使用化妆品的民族之一。早在公元前一千多年的商朝末期，已经有了美容品"燕支"，也就是今天的"胭脂"。实际上是燕地产的一种名叫"红蓝"的花朵，它的花瓣中含有红、黄两种色素，将花朵摘下，放在石钵中反复杵槌，淘去黄汁后，即成鲜艳的红色染料，用以修饰脸面。

若干个世纪以来，化妆品以及化妆风格都经历了几个轮回（图2-5、图2-6）。

图2-5 民国时期化妆品广告（一）

3. 化妆品的发展

第一代是使用天然的动植物油脂，对皮肤作单纯的物理防护，即直接使用动植物或矿物来源的不经过化学处理的各类油脂。古埃及人4000多年前就已在宗教仪式上、干尸保存上及皇朝贵族个人的护肤和美容上使用了动植物油脂、矿物油和植物花朵。

从公元7世纪到12世纪，阿拉伯国家在化妆品生产上取得了重要的成就，其代表是发明了用蒸馏法加工植物花朵，大大提高了香精油的产量和质量。与此同时，我国化妆品也已有了长足的发展，在古籍《汉书》中就有画眉、点唇的记载；《齐民要术》中介绍了有丁香芬芳的香粉；我国宋朝韩彦直所著《枯隶》是世界上有关芳香方面较早的专门著作。

图 2-6　民国时期化妆品广告（二）

第二代是以油和水乳化技术为基础的化妆品。18、19 世纪欧洲工业革命后，化学、物理学、生物学和医药学得到了空前的发展，许多新的原料、设备和技术被应用于化妆品生产。后来由于表面化学、胶体化学、结晶化学、流变学和乳化理论等原理的发展，引进了电介质表面活性剂并采用了 HLB 值的方法，解决了正确选择乳化剂的关键问题。

在这些科学理论指导下和后来人们大量的实践中，化妆品生产发生了巨大的变化，从过去原始的初级的小型家庭生产，逐渐发展成为一门新的专业性的科学技术。正是在这个基础上，我国化妆品行业才成为目前我国轻工行业中发展最迅猛、最受广大民众欢迎的大型行业。就连美国著名的食品药品管理委员会也正在考虑更名为食品药品化妆品管理委员会。

第三代是添加各类动植物萃取精华的化妆品。诸如从皂角、果酸、木瓜等天然植物中，或者从动物皮肉和内脏中，提取深海鱼蛋白和激素类等精华素，加入到化妆品中去。提取方法中比较先进的有超临界 CO_2 萃取法，提高了有效物质的得率和萃取纯度。这种化妆品又称为疗效性化妆品，介于化妆品和药物之间，使人们始终追求的美白、去粉刺、去斑、去皱等成为可能，直到如今，这些化妆品有的还很受欢迎。

第四代是仿生化妆品，即采用生物技术制造与人体自身结构相仿，并具有高亲和力的生物精华物质，并复配到化妆品中，以补充、修复和调整细胞因子，来达到抗衰老、修复受损皮肤等功效，这类化妆品代表了 21 世纪化妆品的发展方向。这些化妆品以生物工程制剂为代表，使丰胸、瘦身、肌肤某种程度上恢复青春成为可能。

（二）化妆品专卖店的概念

近几年发展兴起的一种化妆品零售商业业态，是伴随着国内商业业态的变革发展而形成的一种化妆品终端销售模式。一般分为两种经营形式：一种是以单一品牌为主，就是只销售一种品牌的护肤品，比如果素堂化妆品专卖店等；另外一种是以经营不同厂家的多品牌化妆品，汇集了护肤品、香水、彩妆、洗护用品、美容工具、男士化妆品、儿童护肤品等，类似于屈臣氏的形态存在，它采取自选的销售方式充分满足顾客一次性购足化妆品的需求。化妆品专卖店多分布于商业街道、大型社区等，以平价、便利、多样化经营、专业美容服务为特色，区别于传统商场超市单一化妆品牌经营模式。目前化妆品专营店已经发展成为中国化妆品分销渠道中不可或缺的生力军。目前国内化妆品专营店的代表性品牌有雅琳娜、娇兰佳人、千色店、三信汇美、美程等（图 2-7）。

（三）化妆品专卖店的起源及发展

我国的专卖店模式大约是从 1980 年前开始操作的，它在日本运作得非常成熟，比大百货商店的销售渠道要

图 2-7 化妆品专卖店

好,来到中国以后,这种经验慢慢地被逐步移植。专卖店作为一个崭新的销售渠道出现。

在中国,化妆品专卖店还是一个新业态,所占市场销售份额微乎其微,70%的化妆品仍然是通过商场专柜或超市货架的形式来销售的。素有"美容糖果店"之称的丝芙兰(Sephora)是全球著名的化妆品专业零售连锁店,它隶属于闻名世界的奢侈品集团——路易威登(LVMH)集团,目前在全球14个国家开设了520多家店铺。丝芙兰以自由开架出售各种一线化妆品和香水而闻名,除了按照品牌陈列之外,店内产品主要按照沐浴、彩妆、护肤等不同功能来分类列架。更为著名的是丝芙兰的香水墙,每一个丝芙兰店都会有一个柜台专门陈列香水,香水按照品牌首字母顺序排列,还会摆放出本周销售排名前10位的香水,以方便顾客购买。

从2004年起,资生堂以浙江省为起点,第一期开设了30多家专卖店,在中国中等城市推行自愿连锁专卖模式,通过各省推进的方式,向全国扩张其专卖店的布局。这种在中国市场销售正规资生堂产品的专卖店,旨在建立更多的和中国女性的接触点,其在中国发展迅速。资生堂的专卖店不同于传统意义上的专卖店:是由资生堂公司选择既有的化妆品店铺、药店进行合作,在店内设立资生堂专柜销售产品的合作形式,其要求专柜产品陈列形式风格统一,进货渠道统一;但既不需要店面有统一的形象标志,也不要求只销售资生堂产品。

专卖店在中国的发展是有目共睹的,但这种新的模式却有着强盛的生命力,势必会对传统的化妆品专柜造成越来越大的冲击。在屈臣氏、莎莎等国际化妆品连锁专卖店在国内市场进一步推进的同时,"娇兰佳人"在全国范围内的大动作激起了鲶鱼效应,众多国内品牌纷纷自建渠道,广东和江浙部分中小企业也纷纷跟进,大力开拓化妆品连锁专卖店渠道。

"一站式购齐"给中国的消费者带来了新的尝试,它将给中国的品牌化妆品市场注入新的活力。从化妆品专卖店整体的发展趋势来看,由于品牌结构和层次的丰富,化妆品专卖店的公信力、品质得到较大的提高,消费者对化妆品专卖店的认可度、忠诚度、信任度也得到极大的提高。作为专卖店,顾名思义就要体现一个"专"字。就要在"专"字上下工夫,一方面以专业的美容咨询、专业的皮肤护理来抗衡商场超市的冲击,另一方面可形成精细化的品类专卖店,如彩妆专卖、眼部用品专卖、男士化妆品专卖等。

(四)化妆品专卖店的设计

化妆品专卖店设计是视觉营销的重要组成部分,是具有创造性的营造空间艺术。在既定空间范围内,运用艺术设计语言,通过对化妆品产品的摆放、橱窗、道具、灯光、平面POP海报等的设计,与背景音乐的精心选择,打造独特的空间氛围。不仅含有解释商品、传播品牌文化的意图,并使消费者能参与其中,通过这样的完美沟通,达到销售商品的目的。它融合了视觉艺术、造型艺术、空间设计、人体工程学、心理学和营销管理等多方面的内容,是一项有趣的多元化艺术组合创作。

(五)化妆品专卖店的种类

1. 按照经营模式分类

(1)个体化妆品专卖店。主要经营中低档化妆品,进货渠道复杂、价格低廉、产品质量良莠不齐,因此信誉一般。

（2）连锁专卖店。又分为正规连锁、特许连锁和自由连锁，最常见的是特许连锁。特许连锁是指总部把自己开发的商品、服务和营业系统，包括商标等企业标识的使用、经营技术等以合同方式授权。比如全国各地的安利、雅芳都有这种专卖店（图2-8）。

图2-8 欧莱雅连锁形式的专卖店

2. 根据销售的种类分类

（1）品牌化妆品折扣专卖店。这类店铺的特点是品牌绝对唯一性。但是，无论哪个品牌，其品类的丰富程度都远远高过百货店里扎堆销售的品牌。因为整间店铺只销售一个品牌的产品，所以在店铺装修及陈列方面都极具特色，甚至在服务人员的装扮及服务方面也都各自表现出明显的特色。这类店铺由于产品单一、顾客比较少，陈列道具基本上完全由厂家提供。装修漂亮环境较好，服务人员大多年轻活泼、服务主动，倡导优质的服务。店铺选址均在最繁华街区，人流量是决定这类店铺销量的根本因素。

（2）化妆品集团公司的专卖店。这类店铺中最有名的是韩国爱茉莉旗下的"爱丽儿"专卖店。爱茉莉作为韩国本土最大的化妆品公司，占有韩国化妆品市场40%的销售额，旗下品牌众多，所以有能力在市场上开创这类模式的店铺。在"爱丽儿"专卖店内销售的所有化妆品，全部来自爱茉莉公司旗下的品牌。这类专卖店销售的品牌品质很有保障，高中低档都有囊括。店铺大部分都是在购物中心以"店中店"的形式出现。服务特点是人员培训很专业，能为消费者提供优质的服务。

（3）多品牌化妆品专卖店。店铺在挑选品牌的时候几乎没有刻意的排他性，百个知名品牌，上千个畅销单品，主要以化妆品的销售为主，涵盖护肤品、彩妆、香水、男士、婴幼、药妆等，也会附带日化产品，以及部分新、奇、特的辅品和美妆工具等来增加客流量。店铺选址、门店装修、促销管理和广告等均由集团公司统筹策划。这类专卖店的商品质量高，消费群体广，店址大多在一线城市的一线商圈中，例如屈臣氏类的大型卖场（图2-9）。

图2-9 屈臣氏专卖店

3. 依照不同的销售模式分类

（1）化妆品名品量贩。其主要特点是店铺所销售的品牌，是大家广泛认可的知名品牌。主要经营玉兰油、欧莱雅、妮维雅、美宝莲、雅芳、相宜本草、丁家宜、旁氏、佳雪、卡姿兰、宝洁、联合利华等高端产品；终端品牌很少；店铺客流量比较大，主要陈列道具为设计的靠墙背柜、中岛柜、斗柜、柱形陈列架等；服务不够细致。

（2）终端精品店。其主要特点是店铺所销售的品牌，是市场上有一定市场保护的终端品牌。主要经营资生堂、佰草集、自然堂等品牌；比较重视单价的高低，毛利较高，店铺客流较少；主要陈列道具以厂家品牌形象柜为主，设计一些异型不规则的陈列架；重视服务质量。

（3）化妆品综合店。其主要特点是店铺经营时间比较长，主要经营价位比较低的品牌，比如：玉兰油、大宝、妮维雅、丁家宜、佳雪、相宜本草、美宝莲、卡姿兰、小护士、东洋之花、宝洁联合利华洗化系列、舒蕾、迪彩等的中低端产品；顾客流量较大，陈列道具既有定制设计的柜台，也有厂家的形象柜；低价也是明显的特点；服务不细致。

（4）彩妆店。其主要特点是以彩妆为主要品种，集合市场上能见到的彩妆品牌，如美宝莲、红地球、露华浓、卡姿兰、凯芙兰、色彩地带、玛丽黛佳、谜尚、爱丽、巧迪尚惠等；以厂家形象柜为主要陈列道具；十分注重彩妆体验，设有化妆体验区。

4. 根据其所处的环境分类

（1）依附式店或店中店。其店面一般开在人流量特别大的超市和卖场内部或附近，依附大型商超给自己带来客源，客源集中，营业额比较稳定。这类化妆品专卖店对经营水平和品牌的影响力，以及营业员专业水平要求较高。

（2）商圈精品店。这类的化妆品专卖店坐落在相对繁华的闹市区，如商业街和步行街，离大型的商超可能比较远，但人流也相对较大。这类的商圈可能在城市中算不上一类，但也会吸引大批消费者。这类化妆品专卖店有很好的店铺形象、优势的终端品牌、良好的营销活动和优质的服务。

（3）服务社区店。社区店客流一般比较小，但是租金会非常的低廉，主要是面向本社区内的顾客，只要做好服务，形成良好的口碑效应，社区型的化妆品店一般经营的会比较稳定。

（六）化妆品专卖店设计的目的

专卖店装修设计更要讲究战略，好的空间装修设计，首要任务就是把品牌的定位和经营理念凸现出来。消费者购物一般都会把卖场体验添加到购买行为中，良好的定位意识前提下的设计方案，能有效地扩大商家的利润。

在专卖店的装修设计中，当设计师明确了商家的市场定位，设计的主题定位也就找到了方向。接下来实际设计工作中要面对的重点问题，就是把握空间展示与产品的关系。从LOGO的位置到产品的摆放与相互搭配、产品结构设置实用与有效等，都不可忽视。产品展示风格独特别致，特点突出，不仅使品牌形象变得个性鲜明，还将丰富产品的外在形象，渲染品牌的感染力，影响着品牌的发展和延伸。

归根到底，商家的最终目的是销售产品，获取最大的盈利。而为店铺进行空间设计的最终目标也是为其推介产品和推介产品的服务，所有展示效果的最终目标围绕的也应该是产品，以及产品向消费者传递的信息。如果把"没有最好的，只有最合适的"这句话，用到店铺空间设计中，也是恰如其分的。

因此，店铺是产品、形象的最直接展示，是视觉识别中的一个重要组成部分。通过卖场终端，建立品牌形象是一种便捷的宣传推广形式，而各具特色的店面设计构成了品牌各自的卖场风格，并从多个角度向消费者传达着品牌的个性。良好而巧妙的空间设计风格能够烘托出产品的品质，提高产品的附加值，强有力地推动整个品牌在形象、文化、品质上的提升。

宣传商品特点、促进销售是专卖店设计的直接目的，提升品牌内涵、宣传品牌文化是其次的要点。

1. 展示化妆品的特点，吸引消费者注意

通过对化妆品专卖店的整体风格、色彩、造型、陈列道具等的设计，创造良好的购物氛围，对品牌化妆品进行展示性的售卖，是一种最直观的宣传方式。通过橱窗、展柜、展架等具体要素组合不同的摆放形式，不定期地陈列出不同的风情式样，应季适时更换新产品，可以更好地凸显化妆品的长处。而消费者只有看到了自己中意的产品，才会进一步地驻足去了解，化妆品专卖店的设计与陈列就是为了抓住消费者的目光。

2. 增强品牌力度，提高产品附加值

品牌化妆品专卖店作为销售终端，不仅仅是一个简简单单的销售场所，同时也具有宣传品牌的作用。品牌专卖店的设计合理有效，能够张扬产品特定的品牌文化与形象内涵,拉近与消费者的距离,加深消费者的印象与信赖程度,从而提高产品的附加值,使企业获得更高的利润,增强企业的市场竞争能力。

3. 缔造完美形象,增强购买欲望

成功的专卖店设计能够为消费者提供舒适、优雅、便捷的消费。良好的灯光照明、陈设点缀、宣传品等的巧妙搭配,可以彰显化妆品的风格和特点,使消费者试用后的肌肤显得玲珑剔透,从而更容易说服顾客,增强其购买欲望,提升品牌化妆品专卖店的销售额(图2-10)。

图2-10 化妆品专卖店设计不断推陈出新

(七)化妆品专卖店设计的基本要素

化妆品专卖店的三大要素是商品、消费者和建筑空间。把握住这三点基本要素是设计成败的关键。

1. 商品与化妆品专卖店设计

衡量专卖店好坏的直接标准就是看商品销售的好坏。因此让顾客最方便、最直观、最清楚地"接触"商品是首要目标。在接到一个化妆品专卖店设计任务时,首先要对该店所售商品的形态与性质作出分析,目的是利用各种人为的设计元素,去突出商品的形态和个性,而不能喧宾夺主。对商品的分析大致可从下面几点入手。

(1)商品类型的大小范围。同类商品的大小变化幅度有多大,不同的变化幅度造成不同的空间感,化妆品总体变化幅度小,排列起来整齐,但易陷于单调,设计时应注重变化,增加装饰元素。

(2)商品的形。同一类商品的形变化多,空间就感觉活泼,但也易杂乱。化妆品形象差异不大,构思空间时应注重变化,充分利用空间和陈列装置的变化造成生动的气氛,否则会使人感到呆板。此外,商品的形还具有可变性,例如利用不同造型的柜台、展架等形成多姿多彩的形象,形成主要构图元素。

(3)商品的色彩和质感。有的化妆品外包装色彩灰暗,有的瓶体色彩鲜艳,这就要求设计合适的色调起到陪衬作用,尽量突出商品的色彩。此外,商品的质感也往往在特定的光和背景下才显出魅力。

(4)商品的群体与个体。商品是以群体出现还是以个体出现,对顾客的购买心理有很大影响。化妆品作为小件商品,以群体形象出现可以起到引人注意的作用,但过多的聚集也会带来"滞销"的猜测。不对称的群体,处理巧妙会给人以"抢手"的印象。至于名贵的品牌化妆品,只有严格限制陈列数量才能充分显示其价值。对以群体出现的商品,专卖店设计应配以活泼兴旺的气氛;对以个体出现的商品,设计上应追求高雅舒展的格调。

(5)商品的性格。商品的性格决定专卖店设计的风格。同是化妆品专卖店,高档化妆品的典雅华贵和药妆的清新质朴应截然不同。专卖店设计的风格与经营特色的和谐与否直接关系着商品的销售。

2. 消费者的行为心理与化妆品专卖店设计

(1)进入专卖店的消费者行为及心理。商业心理学将顾客分为如下3类。

1)有目的的购物者。他们进店之前已有购买目标,因此目光集中,脚步明确。

2)有选择的购物者。他们对商品有一定注意范围,但也留意其他商品。他们脚步缓慢,但目光较集中。

3)无目的的参观者。他们去商店无一定目标,脚步缓慢,目光不集中,行动无规律。

不同的专卖店接待这3种顾客的比例不尽相同。有目的的购物者比例大,则布局应以功能为先;顾客在一定范围内选择购买的多品牌的化妆品专卖店,设计应注重条理和秩序,应使空间环境富于吸引力。

（2）认识过程与视觉心理。消费者购物时的心理活动是本身的需要和外界环境刺激对顾客的影响。一般说来，消费者进入商店购物时，大多数要经过注意、对比、选择、决策等心理过程，我们在化妆品专卖店设计中，应对准消费者这一系列心理活动制定对策，使其顺利实现购物行动。消费者购物心理活动的开头是"注意"，这就要求商品应具有一定的刺激强度才能被感知，根据视觉心理学原理我们可采取以下对策。

1）增强商品与背景的对比。店内视觉信息很多，必须选择少数作为识别对象。根据视觉心理原理，主体与背景差别越大越易被感知，例如，在无色彩的背景上容易看到有色彩的物体，在暗的背景上容易注意亮的物体。比如在专卖店设计中采用暗淡的色彩，并进行低度照明，而用投光灯把光线投射到商品上，使顾客的目光被吸引到商品上。又如浅色商品以深色墙面为衬托，而深色商品以白色货架为背景，用于突出商品。

2）掌握适当的刺激强度。除了突出商品以外，广告、霓虹灯、电视等也能够吸引顾客。但是刺激超过了一定限度就起不到什么作用。招牌的数量越多，每块相对被注意的可能性越小。国外有人做过实验表明，注意的可能性的减少要比人们仅从数量着眼所预料的快得多。增加第二块招牌并不会把第一块招牌被注意的可能性减少一半，而第三块招牌的影响就大了，而到了15块时，某块特定的招牌被注意的可能性大大低于1/15。实验表明一般人的视觉注意范围不超过7个，比如短时间呈现字母，一般人只能看到大约6个，这对于我们在专卖店设计中合理地确定商业标志和广告的数量、柜台的分组数量和空间的划分范围等是十分有用的。

（3）情绪心理与购买行动。在使消费者对商品引起注意之后，还要采取一系列对策来促进其顺利实现购买行动。我们在专卖店设计中可以采取以下手法。

1）唤起兴趣。新颖美观的陈列方式及环境设计能使商品看起来更诱人。国外商业建筑十分注意陈列装置的多样化，往往是根据商品来设计陈列装置，让商品的特点得到充分的展示。

2）诱发联想。利用直观的商品，使用形象诱发顾客对使用的联想是非常有效的，如儿童化妆品专区，将柜台设计成儿童玩具、卡通造型等，布置成一个儿童室的形式，则比分类排队的陈列方式生动得多，它使顾客身临其境。

3）唤起欲望。注意陈列装置的多样化，因为美观的陈列方式和环境与商品一样诱人，甚至比商品更诱人，它们使商品获得最充分的展示。

4）促进信赖。这要求专卖店设计的风格与商品的特性相吻合。比如传统风格的药妆专卖店要比现代形式的药妆专卖店更会使消费者信赖，相反造型新颖的彩妆店则更有竞争力。

3.建筑空间元素与化妆品专卖店设计

同样的商品，人们往往认为摆在装饰很好的专卖店里的比摆在夜市地摊上的价值高。面临着市场的竞争，必须注重建筑空间的设计元素，突出特色去赢得消费者。为此，可使用以下手法。

（1）创造主题意境。在专卖店设计中依据商品的特点，树立一个主题，围绕它形成专卖店装饰的一套手法，创造一种意境，容易给消费者以深刻的感受和记忆。比如在儿童化妆品店中，设计师创造的主题是青蛙乐园，绒布的小青蛙在化妆瓶上爬着、躺着、靠着，显得十分活泼可爱。这样的专卖店空间虽然装修朴素，但对小顾客的吸引力丝毫不弱。

（2）重复母题。一些专门经营某名牌化妆品的专卖店，常利用该产品标志作装饰，在门头、墙面装饰、陈列装置、包装袋上反复出现，强化顾客的印象。经营品种较多的店铺也可以某种图案为母题在装修中反复应用，加深顾客的记忆。

（3）灵活变动。消费潮流不断地变化，所以专卖店应能随时调整布局。国外有的专卖店每星期都要做一些调整，给顾客以常新的印象。为此一些可灵活使用的设计也大量出现。美国的Waker事务所设计了一系列灵活性极高的大型商场，在这里由标准件构成的钢架成了空间的主角，大型广告、电视屏幕、商品模型、模特儿等被安装在上面。由于钢架具有很大的灵活性，可根据不同的陈列作调整，给消费者提供了充满刺激的不断变换的信息。

总之，在不干扰商品的前提下，对各种装饰素材的精心运用，不仅能使专卖店设计风格鲜明、特色突出，而且还能起到很好的烘托作用。

（八）化妆品专卖店设计的基本原则

1. 功能性

销售是专卖店的主要功能，还兼有商品展示传和品牌宣传的功能。根据室内空间的形状及层高，合理地引导视觉和人流动线、划分功能区域。

2. 整体性

专卖店在设计上需要强调整体感，在风格、材质、色彩和照明等方面的设计需要有一致性，营造舒适和谐的气氛，突出产品特性和品牌特征，展架、柜台也要与专卖店的设计和商品的陈列相协调。

3. 经济性

顾客往往会根据专卖店的室内环境档次衡量商品的价值，如果用低档的装修展销高档的商品，一般不会有好的销路；反之用高档的装修陈列低档的商品，也会给顾客欺骗的感觉。因此，专卖店装修报价受所卖商品的档次影响，商品档次越高，相应的专卖店装修档次越高。好的设计方案应该是运用合适的材质去衬托商品，而不是一味使用昂贵的材料。

4. 艺术性

设计源于美学，专卖店的设计要满足人们的审美需求，营造舒适的购物氛围，给顾客以美的享受。不仅在物质层面上满足顾客购买的需求，同时还要最大限度地满足视觉审美要求，艺术地处理空间环境。

5. 环保性

自然资源的过度破坏，使人们越来越重视节能和环保。对健康绿色、自然生态的崇尚，也深深地影响着建筑装饰行业，绿色环保已成为设计理念之一。在不增加成本的前提下，尽可能多地采用可回收、低污染、可重复使用的材料，使用低污染、低噪声的施工工艺降低能耗。

6. 创新性

没有创意的设计是没有生命力的，在众多的化妆品专卖店设计中，能够脱颖而出的法宝就是独创，只有常新的空间才有吸引力，才能够紧紧跟住人们快速发展的物质和精神需求。

（九）化妆品专卖店设计的组成部分

1. 店面设计

店面设计代表着专卖店的外观形象，其风格、名称与品牌关系密切，基本与品牌所属的公司或产品定位相一致。店面设计包括牌匾设计、店门设计、橱窗设计、外部照明设计、壁面照明设计。

2. 店内设计

店内空间布局是专卖店设计的核心部分，以展示商品为中心，视觉引导性强，功能布局合理，交通顺畅，方便购买。功能区域主要包括收银区、陈列区、休息室、仓库4个部分。

3. 商品陈列设计

成功的商品陈列能够吸引顾客视觉注意，将商品的外观、性能、特征和价格等信息清晰迅速地传递给顾客，使其自主选购和比较，可减少咨询时间，缩短挑选时间，加速交易过程。艺术地处理商品陈列，能美化空间，改善店内购物环境。

4. 展示道具设计

主要指展架、柜、台等各种道具，是陈列、展示化妆品的基础。其功能是可摆放、吊挂商品，同时也是分割展示空间、创造独特视觉形式的最直接的界面实体。

5. 照明设计

合理的照明，可以引导顾客进入专卖店，产生舒适、愉快的气氛，使商品五光十色、缤纷夺目，引起顾客的购买欲。光线明暗对购物环境影响极大，因此，专卖店设计要十分注重选择恰当的照明灯具，营造明快轻松的购物环境。

（十）化妆品专卖店的人体尺度

主要是指人体和展架、柜、台之间的尺度关系，人体和室内空间的尺度关系，以及展架、柜、台与室内空

间之间的关系。专卖店中展示空间和展示道具的尺度是以人的高度和局部尺寸为依据的。

1. 化妆品专卖店的通道

在专卖店空间中通道的宽度是以人流的股数为依据的。每股人流以普通男性的肩宽 48cm+12cm，即 60cm 计算。一般通道的宽度应允许 8～10 股人流通过，因而通道宽度应在 4.8～6m。次要通道应允许 4～6 股人流通过，宽度应在 2.4～3.6m。最窄处也应该可以有 3 股人流通过，宽度不低于 1.8m，否则会造成人流拥堵。货架之间的最短距离不能少于 1.2m。至少要允许两个人通过，最窄的货架间隔通道也不能少于 1.2m。

2. 化妆品展示的高度

展示效果的黄金区地段在顾客距离柜台 70～80cm 范围内，视平线高度向上 10°至向下 20°之间的范围区间。最佳展示高度在从地面向上 60～150cm 之间。低于 60cm、高于 150cm 展示效果差，适合展示辅助商品。最适合顾客拿取商品的高度是从地面向上 75～125cm 之间，比较适合顾客拿取的高度是从地面向上 60～150cm 之间。高于或低于这个尺度都不利于销售。

四、项目检查表

项目检查表				
实践项目	化妆品专卖店设计项目			
子项目	化妆品专卖店总括方案设计	工作任务	化妆品专卖店空间规划设计	
检查学时	0.5 学时			
序号	检查项目	检查标准	组内互查	教师检查
1	化妆品专卖店现场尺寸复原图（CAD 原始平面图）	是否详细、准确		
2	化妆品设计资料收集	是否齐全		
3	化妆品专卖店平面规划草图	是否合理		
4	化妆品专卖店设计构思	是否具有创意性、可实施性		
检查评价	班级		第 组	组长签字	
	小组成员签字				
	评语：				
	教师签字		日 期		

五、项目评价表

项目评价表					
实践项目	化妆品专卖店设计项目				
子项目	化妆品专卖店总括方案设计	工作任务		化妆品专卖店空间规划设计	
评价学时		1 学时			
考核项目	考核内容及要求	分值	学生自评（10%）	小组评分（20%）	教师评分（70%）	实得分
设计方案	化妆品专卖店方案合理性、创新性、完整性	50				
方案表达	化妆品专卖店设计理念表达	15				
完成时间	3课时时间内完成，每超时5min扣1分	15				
小组合作	能够独立完成任务得满分 在组内成员帮助下完成得15分	20				
总分		100				
班　级		姓　名		学号	
项目评价	第　组	组长签字			
	评语：				
	教师签字		日　期		

六、项目总结

化妆品专卖店的总括方案设计是进行方案设计的第一步，此阶段是在项目调研的基础上，分析相关资料和信息，对设计方案的总体筹划。通过空间区域的划分，确定方案设计的总体方向，包括设计风格、人流动线组成、功能区划分、色彩设计、材质选择和造型设定等初步确定等。总括方案设计对此后的具体设计起到指导性的作用，只有确定了整体的方案，才能深入细致地设计，才能顺利开展后续的工作。

七、项目实训

（1）用电脑辅助制图复原现场，测量建筑空间尺寸。

（2）对化妆品专卖店平面进行规划。

（3）策划化妆品专卖店空间设计方案。

八、参考资料

（一）图书资料

（1）李小慧，郭乐峰.卖场与专卖店陈列设计.北京：中国电力出版社，2013.

（2）张旭.展示设计.天津：天津大学出版社，2009.

（3）张绮曼，郑曙旸.室内设计资料集.北京：中国建筑工业出版社，1991.

（二）网络资料

（1）中国商业展示网 http：//www.zhongguosyzs.com/channel/15263287。

（2）中华室内设计网 http：//www.a963.com/。

子项目3　化妆品专卖店室内设计

一、学习目标

（一）知识目标
（1）掌握化妆品专卖店陈列设计方法。
（2）掌握化妆品专卖店室内照明设计方法。
（3）掌握化妆品专卖店施工图绘制方法。
（4）掌握化妆品专卖店效果图表现方法。

（二）能力目标
（1）培养学生设计快速表现能力。
（2）培养学生电脑施工图绘制能力。
（3）培养学术电脑效果图绘制能力。

（三）素质目标
（1）培养学生设计创新能力。
（2）培养学生团队合作能力。
（3）培养学生自主学习能力。

二、项目实施步骤

（一）方案草图绘制
依据方案策划所确定的设计思路，快速表现化妆品专卖店各个分区的设计方案，作为绘制电脑施工图和电脑效果图的依据。

（二）电脑施工图绘制
根据现场的原始图及方案设计草图，绘制专卖店的平面布置图、天花平面图、立面图、展柜家具详图、工程施工节点大样等。

（三）电脑效果图绘制
依照设计方案，选取合适的角度，使用3ds Max辅助制图软件，制作化妆品专卖店电脑效果图。

三、知识链接

（一）化妆品专卖店的空间布局
对化妆品专卖店空间进行布局，要考虑多种因素，比如空间格局、商品种类、陈列方式和销售方式等。店面的布置还要留有变化和调整的余地，使顾客不断产生新鲜感，刺激消费欲望。

妆品专卖店空间格局复杂多样，可根据实际条件进行设计。先确定商品空间、顾客空间和店员空间各占多大面积，做好区域划分，然后具体地设计动线、陈列道具、商品陈列方式等。

一般妆品专卖店商品空间的功能区有：护肤吧区、彩妆吧区、香水吧区、日化吧区、礼品陈列区、新品陈列区等。某些品牌可能根据其产品结构和需求情况，设置一个以上的同类功能区，例如，某品牌包含3个护肤吧、2个彩妆吧。还可以根据不同的品牌来进行分区。

妆品专卖店的店员空间一般是指服务员所处的区域，除了收银区之外，通常没有明显的划分，如果设有化妆体验区，则应该考虑设计。

顾客空间是指选购商品和体验效果的区域，一般与商品空间和店员空间有交叉，设计中要注意空间尺度的合理把握。

化妆品专卖店的格局根据商品数量、种类、销售方式等情况，可分为两种形态：一种是店员在围合的柜台内为顾客服务，商品空间和顾客空间隔开，称为封闭型；另一种是开架销售，顾客可以自由地选择商品，根据需要可以设定店员空间，称为环游型。

化妆品专卖店空间布局形式一般多采用沿墙式布局和漫游式布局。

沿墙式布局不受营业场所大小或墙角弯度的限制，柜台、货架等都沿墙成直线摆设，能够较多地陈列展示商品，一般多为封闭型的格局，是最基本的布局形式之一。其特点是方便店员拿取商品，随时补货，节省人力。缺点是不利于顾客直观接触商品，所以一般销售知名度很高的经典品牌化妆品。

漫游式布局是利用开架销售方式及不同造型的陈列道具，将产品分类成组展示，随着客流动向和人流密度的变化而变化，导购员与顾客之间没有严格界限。特点是便于顾客自由参观选购，对服务员的素质要求较高，可以设定体验化妆区，店内气氛活跃。

此外还有斜角式、岛屿式和格子式布局等，可根据不同的空间类型及其特点选择合适的布局方式，达到促进销售的目的。

（二）化妆品专卖店的陈列设计

1. 陈列的作用

不同品牌的化妆品有着不同的文化内涵，要在柜区强调某些独特的重要视觉识别元素，来突出其个性，并形成它独有的品牌氛围，是化妆品陈列设计的第一层次作用。

运用各种艺术的视觉语言进行陈列，可以提高商品的档次，增加商品的附加值，是化妆品陈列设计的第二层次作用。

2. 陈列原则

（1）醒目易见。商品陈列要让消费看清楚商品并引起注意，才能激起消费者冲动性的购买欲望。所以要求商品陈列要醒目，展示面要适当的最大、力求生动美观。所有陈列在货架上的产品，标签必须统一将中文商标正面朝向消费者，横向、纵向均不能夹杂其他品牌产品，可达到整齐划一、美观醒目的展示效果，商品整体陈列的风格和基调要统一。

（2）丰满。中国有句古话——货卖堆山，比较丰满的陈列不但可以给顾客很强的视觉冲击力，还能够引起顾客的购买欲望，让顾客感觉到产品保质期的新鲜。这种陈列又叫量感陈列（通过大量展示，使商品给人感觉数量比较多价格优惠的陈列方式）与质感陈列（一种商品以给人比较高贵，比较精致的形式陈列方式，这种方式往往采用很多种衬托手段：灯光、道具、包装、价格牌、说明书、香氛、音像等）相对应。

（3）垂直集中陈列。垂直集中陈列不仅可以吸引消费者的视线，而且容易做出生动有效的陈列面，因为人们视觉的习惯是先上下，后左右。垂直集中陈列，符合人们的习惯视线，使商品陈列更有层次、更有生气。化妆品专卖店一般来说面积都比较小，大部分的店铺都不适合采用这种方法，除非店铺足够大。相反，在店铺面积比较紧凑的情况下，横向陈列会使同一类商品的视觉面积"增大"就比较实用，同一个商品横向陈列两个面要比纵向陈列两个面的效果要好很多。

（4）下重上轻、配色协调陈列。将重的、大的商品摆在下面，小的、轻的商品摆在上面，便于消费者拿取，也符合人们的审美习惯。相临商品之间颜色、形状、大小反差不应过大；纵向陈列的商品上下之间颜色反差不应过大。一般由暖至冷色调过度（冷暖交替陈列应注意配色的和谐），但是在特殊情况下还要避免顾客混淆产品，引起不必要的退换货，所以还要适当区分。有一种情况例外，那就是化妆品店的礼盒，放在货架下端会降低产品的"身份"，放在背柜顶层既美观，又充分利用了空间。

（5）分类与关联性陈列。化妆品店必须根据化妆品的分类进行陈列，名品量贩的化妆品一般分为：护肤类、洗涤类、洗护类、发用类、沐浴类、儿童类、男士类、彩妆类、纸品、化妆工具、季节性产品、面膜类、大众护肤类、日用品类、独立品牌形象柜。关联性是指两个相邻位置的商品应在功能或内在性质上有一定的联系，过度自然而不突兀，最好能够相互支持，提升客单价。

（6）动感陈列。所谓动感陈列是指根据产品的大小、高矮、胖瘦，把商品按照一定的韵律排放的陈列方法。比如从低到高，从高到低，高低错落；从小到大，从大到小，大小间隔；在饱满陈列的基础上有意拿掉货架最外层陈列的几个产品，这样既有利于消费者拿取，又可显示产品良好的销售状况。按使用目的、用途、特点发掘商品间的关联性，如洗发水旁边放护发素。

（7）黄金陈列。在一个堆头或陈列架上陈列一系列产品时，一定要突出主打产品的位置，给予主推产品/最畅销的产品/新品/当季产品最大陈列位和黄金位置，这样才能主次分明，让顾客一目了然，提升产品销量。

（8）产品横向陈列。主推产品横向陈列时，应尽量把主推产品陈列在与视线水平的黄金位置。货架离地约120～160cm的区域、包括堆头、端架、临主通道区域均为黄金陈列位

（9）便利性。要将产品放在让消费者最方便、最

容易拿取的地方，根据不同目标消费者的年龄、身高特点，进行有效的陈列。如儿童产品放在1m以下会有助于销售的增加。

（10）整洁与安全。保证所有陈列的商品整齐、清洁、充足。安全包括：确保店内商品品种和规格不低于安全库存，商品不容易摔坏，不会给顾客造成伤害，不容易丢失。丰满与安全是不冲突的，两者互相矛盾又相辅相成。

（11）价格准确醒目。商品与价格签一一对应，价格签包括POP、价格立牌、贴签等标明商品价格或性能的标识。标示清楚、醒目的价格牌，是增加购买的动力之一，既可增加产品陈列的宣传效果，又让消费者买得明白。可对同类产品进行价格比较，还可以写出特价和折扣数字以吸引消费者。如果消费者不了解价格，即使很想购买产品也会犹豫，从而丧失一次销售机会。醒目不代表一定要很大，在很多情况下，由于标识过大反而挡住了产品的形象，这是不对的。

（12）先进先出。先进先出：按出厂日期将先出厂的产品摆放在最外一层，最近出厂的产品放在里面，避免产品滞留过期。专架、堆头的货物按公司要求周期（比如日化要求两星期）翻动一次，把先出厂的产品放在外面。另外也指当外面一层商品卖掉后及时把里面的商品向外移动，保持商品的整齐美观和丰满。

（13）品牌交叉。把性价比较高但是知名度比较低的品牌和市场上销得快的知名品牌相邻陈列，以求得受益最大化。

（14）变化原则。化妆品店的陈列不是一成不变的，必须根据一些变量及时调整。这些变量包括以下几点。

1）季节。春夏秋冬各有不同的商品与之对应，必须在季节来临之前及时调整。

2）DM档期。每一期活动都有不同的主打产品和特价产品组合，在活动来临之前必须按照DM商品列表进行相应的位置调整，经研究发现DM单的周期为20天左右比较合理，超过20天，会产生顾客信息疲劳，让顾客对店铺的新鲜感大幅下降。

3）销量。黄金位置要给最能带来销量和利润的产品，而产品的销量受很多因素影响，同一个位置在一定的时间段内如果销量不断下滑，应考虑变化位置。

4）库存。对于库存比较大的产品，为了减轻库存压力避免过期，应该考虑调整适当的位置处理。

5）新品。新品一般需要店铺进行大力的推广，应该给出较好的位置，过一段时间后根据每个单品的表现进行适当的调整。

（15）竞价陈列。分析竞品和主打品牌商品的价格带、价格点后，采取相应的陈列，以便于消费者比较价格，突出本品的价格优势。这种陈列发生在彩妆专卖店的频率要明显高于护肤品。

3. 陈列技巧

（1）背柜。背柜是化妆品店最常见的一种陈列道具，背柜一般高度在220cm左右，这是最大化利用店铺空间的做法，我们会看到屈臣氏靠墙的背柜一般都是厂家提供的形象柜，或者比较低的背柜。背柜陈列必须注意背柜的黄金陈列位置，这一位置一般在120～160cm之间，与之相对应的商品一定是最畅销的商品或利润最丰厚的产品。在背柜的顶层一般较高，最好陈列礼盒等销量较低重量轻出形象的商品。背柜上也有陈列挂件的情况，挂件最麻烦的应该是价签，最好的解决方法是用小标签来解决（图2-11）。

（2）中岛柜。中岛柜也是化妆品店最常见的一种陈列道具，中岛柜放置在店铺的中间位置，双面利用，高度一般在130cm左右，偶尔也有150cm的。利用中岛柜可以使店铺显得很通透。中岛柜陈列最重要的是上面一层，130cm的位置恰恰是黄金陈列位置，也是顾客最容易看到接触到的位置，所以这一位置上相对应的商品也应是最畅销的商品或利润最丰厚的产品。中岛柜最下面一层一定要注意卫生和整齐。中岛柜也有陈列挂件的情况，陈列挂件最好把最上面一层最高化，这样才能充分利用空间。

这两种陈列道具都需要根据陈列的商品不同调整层高，但是要注意每一节柜台之间层与层的统一和协调美观（图2-12）。

项目二 化妆品专卖店设计

上）；三是容易加大库存量，增加资金周转压力。总体上来说这是一种比较好的化妆品陈列道具。斗柜一般放置在中岛柜的两端或两个背对背组合，也可以放于空间比较小，放不下背柜的地方。需要注意的是斗柜陈列的价格区间规律，一般来说斗柜陈列的商品价格不宜高于40元，再高容易让顾客怀疑产品的真伪；另外斗柜的最高层不宜放置3元以下的产品，经验告诉我们3元以下特别畅销的化妆品在黄金位置和最下层的销量没有多大区别。化妆品店最好给斗柜配上一组轮子，便于移动和安全。

（4）端架。端架是一种超市货架陈列方式，化妆品店也经常见到。这种货架一般放置在中岛柜的两端，顾客的接触机会比较多，也是销量比较大的位置。陈列上基本与斗柜相似，不同的是它是按层来陈列，层高是可以调整的，价格标示比较小。

（5）柱形陈列。柱形陈列架比斗柜更加小巧，但它也充分表现了量感陈列的原则，并且从位置上看，它更加灵活，更加便于移动。但是柱形陈列架只适合于有规则的瓶装、盒装产品，支装产品无法使用。柱形陈列由于没有边栏保护容易掉，所以一定要注意安全，尤其是在移动时。

（6）堆头。堆头又叫地堆是超市陈列中常见的一种陈列方式。这种陈列方式位置灵活多变，比较醒目。堆头一般从平地用货箱堆砌或者用地笼或者用厂家的空心框架组成，在其上大量陈列某种商品。这种陈列一般需要大量的商品，如果销量不够好的，将来退换货对化妆品店来说是一种负担，所以化妆品店一般采用小型化的空心堆头。这种陈列方式首先要注意量要足，其次要安全，还要注意价格牌的醒目，另外堆头四周的宣传位置也要注意利用。

（7）前台。化妆品厂家发的品牌形象柜一般都配有前台，以便陈列试用装。如果是自己定制背柜的话，一些名牌的产品还是要设置前台的。前台里面可以陈列礼盒，上面可以供顾客试用产品。也可以摆放少量的重点推荐的产品和DM单。但是受店铺面积的制约，前台不宜过多。

图2-11 化妆品专卖店背柜

图2-12 化妆品专卖店中岛柜

（3）斗柜。近年来化妆品专卖店出现了一种雅克力材料制成的、透明的斗状陈列道具，与之配套的价格标签比较大且醒目。这种陈列道具充分表现了化妆品陈列的量感原则。但是这种道具也有弊端：一是本身容易破损；二是价格昂贵（一般一组在1200元以

（8）自制的异形陈列道具。

1）小彩妆陈列架，根据小彩妆不规则但又有支装、盒装、根状的特点向厂家定做的专门展示小彩妆用的雅克力道具。

2）面膜盒，把片状面膜盒撕开保留下半部分，放入片状面膜即可。

3）透明的玻璃杯（用来陈列化妆笔等）。

4）L形陈列挡板。塑料制成，用来区分每个单品的L形小道具，这种道具能够使产品摆放更加整齐，有利于进行库存管理和盘点。

（9）收银台陈列。

1）收银台后面的背柜是一个很好的销售区域，可以用来陈列加钱换购的商品，对提升客单价有很好的促进作用。

2）收银台上也可以放一些创可贴、口香糖等商品，但不应过多，否则会影响收银。

（10）斗柜、端架、柱形陈列的商品在背柜、中岛柜上的正常陈列位置不应该因为该单品陈列在了斗柜、端架、柱形陈列架上而消失。

（11）多点陈列。在店铺商品位置较多或者主推某一种商品时可以个这种商品两个以上的陈列位置（最好不在同一区域），但是绝对不能超过3个，3个以上就是浪费空间，也会把库存搞乱，造成盘点困难。

（12）货架最底层。一般人认为这是一个很难利用的位置，或者认为是陈列的死角。其实如果运用好的方法，完全可以把它盘活。在岛柜、端架、背柜的最下面一层改变陈列道具（比如合适的筐篮），稍微向外突出，并且利用比一般价签稍大的比较显眼的黄色标示牌标价就会使最下层的销量大增。

（13）在镜子前面设计精巧的装饰台，可随时改变摆设，让细小的点缀增添光彩。但不要按照美发店的装潢方式来装饰化妆品店面的镜子，美发院的镜子是美发师工作的工具，也是顾客欣赏自己的工具，缺少它，美发师和顾客都会感到不方便。但在化妆品店面，镜子不要安装过多，多了就会显得笨拙、土气。

（14）在天花板上设计一些灯箱，宣传美容知识。这是因为顾客在做面膜的时候，脸是朝上的，这样可以边做美容边欣赏广告，可起到事半功倍的效果。

（15）在化妆品专卖店屏风和隔断之间设计活动装饰画框，通过更换图片，给化妆品店面顾客以新颖之感。屏风和隔断的设计应考虑可移动性，如果能再配备灯光、个性的化妆品点缀、具有现代感的流行线条等，就会给顾客一种美的享受。

（16）橱窗一般是商店的眼睛，是以强化吸引眼球为主，而非销售，所以摆放的应是主打形象与档次的产品、新品，或者进行中的促销品、名牌畅销品海报、样品等。

（17）收银台附近一般放些体积小、价钱优、回转快的易耗类产品，如遇促销档期，促销告知牌及促销进行中的产品，也要摆上。

4. 化妆品柜台与背柜（即货架）的陈列方式

（1）小组式陈列。指某个类别的化妆品，陈列时聚集成某种独特的形态或图形，以突出个性和特点，以及相互的适配性等。

（2）列阵式陈列。指某个类别的化妆品或单品，固定行列间距，以队列形态陈列。这样视觉冲击力更强。

（3）特别指定式陈列。在上述两种陈列基础上，应用不同的辅助陈列用品、用具，进一步突出品牌个性，使消费者更易于辨识和了解本品牌，或突出推荐产品。

5. 化妆品柜台与背柜陈列的注意事项

（1）柜台不宜对着镜子，由于镜子反射其他事物，当人在模糊的状态下，可能会因此受惊。柜台也不宜位于梁下，由于站在梁下，潜认识会感到受压榨。

（2）猛烈的阳光会令化妆品展柜外表褪色，直接影响展现柜的耐用性，所以无论其采用哪种质料制造，都不能长期摆放在窗户旁边，特别房间朝向西面的，就更要防止。

（3）收银台的桌面应低于肘部以便于活动。

（4）吊柜顶部与空中的间隔最好不要超越2m，艺术柜有两层的话，第一层最好以平视能看到里面放置的物件为理想高度，第二层则以手举高即可拿取到东西为佳。

6. 化妆品专卖店的陈列方式

（1）主题陈列。给化妆品陈列设置一个主题，不过主题应经常变换，以适应季节或特殊事件的需要。它能使专卖店创造独特的气氛，吸引顾客的注意力，进而起到促销化妆品的作用。

（2）整体陈列。将整套化妆品完整地向顾客展示，比如将全套化妆品作为一个整体，用人体模特型从头至脚完整地进行陈列。整体陈列形式能为顾客作整体设想，便利顾客的购买。

（3）整齐陈列。按货架的尺寸，确定化妆品长、宽、高的数值，将化妆品整齐地排列，突出化妆品的数量感，从而给顾客一种刺激，整齐陈列的化妆品通常是店铺想大量推销给顾客的化妆品，或因季节性因素顾客购买量大、购买频率高的化妆品等。

（4）随机陈列。就是将化妆品随机堆积的方法。它主要是适用于陈列特价化妆品，它是为了给顾客一种"特卖品即为便宜品"的印象。采用随机陈列法所使用的陈列用具，一般是圆形或四角形的网状筐，另外还要带有表示特价销售的提示牌。

（5）盘式陈列。实际上是整齐陈列的变化，表现的也是化妆品的数量感，一般为单款式多件排列有序地堆积，将装有化妆品的纸箱底部作盘状切开后留下来，然后以盘为单位堆积上去，这样可以加快服饰陈列速度，也在一定程度提示顾客可以成批购买。

（6）定位陈列。指某些化妆品一经确定了位置陈列后，一般不再做变动。需定位陈列的化妆品通常是知名度高的名牌化妆品，顾客购买这些化妆品频率高、购买量大，所以需要对这些化妆品给予固定的位置来陈列，以方便顾客，尤其是老顾客。

（7）关联陈列。指将不同种类但相互补充的化妆品陈列在一起。运用化妆品之间的互补性，可以使顾客在购买某化妆品后，也顺便购买旁边的化妆品。它可以使专卖店的整体陈列多样化，也增加了顾客购买化妆品的概率。它的运用原则是化妆品必须互补，要打破化妆品

各类间的区别，表现消费者生活实际需求。

（8）比较陈列。将相同化妆品按不同规格和数量予以分类，然后陈列在一起。它的目的是利用不同规格包装的化妆品之间价格上的差异来刺激他们的购买欲望，促使其因廉价而作出购买决策。

（9）分类陈列。根据化妆品质量、性能、特点和使用对象进行分类，向顾客展示的陈列方法。它可以方便顾客在不同的花色、质量、价格之间挑选比较。

（10）岛式陈列。在店铺入口处、中部或者底部不设置中央陈列架，而配置特殊陈列用的展台。它可以使顾客从4个方向观看到陈列的化妆品。岛式陈列的用具较多，常用的有平台或大型的网状货筐。岛式陈列的用具不能过高，太高的话，会影响整个店铺的空间视野，也会影响顾客从4个方向对岛式陈列的化妆品透视度（图2-13）。

图2-13　化妆品陈列柜组合

（三）化妆品专卖店的动线设计

通常化妆品展柜所处的地点都在商场黄金地段，人流量比较大，四面通透，来往顾客穿梭其中以增加被浏览、销售机会。因为人流量较大，所以安全因素要重点考虑，放置必须根据所处朝向来决定，正面必须有醒目标志，结合产品特点，设置精品区、特价区，归类放置，真正实现动线的人性化设计。在设计过程

中,应根据人的行为习惯、心理情况、思维方式及人体的生理结构等,在原有设计基本功能和性能的基础上,对展品陈列线路进行优化,使观众参观起来非常方便、舒适。通道的设置应考虑主通道、辅通道相结合,通道保持畅通,使消费者多次浏览而不会产生死角。

顾客动线和商品陈列之间的关系要和谐,顾客进店以后,在店里面所有的走向行程叫做动向。无论是什么档次的化妆品专营店,都要求掌握两个基本点:柜台的零售额跟柜台前经过的人数成正比;进店的人气等于进店人时间的总和。分析顾客心态,最有吸引力的化妆品是消费者梦寐以求的化妆品;常常也是略高于消费者正常购买能力的化妆品。消费者想买的东西并不是她天天在用的东西,她梦寐以求的东西是她觉得买不起,又想用的东西。所以,在顾客的必经之路最醒目的点上,应该陈列知名品牌、广告品牌、高档品牌,诱导和刺激消费产生。在高档形象区,要陈列高档品牌、知名品牌,比如兰蔻、美宝莲等,原则是按品牌来陈列。高档区之后应该是中低价位的化妆品,放中低档一点的、稍微大众化一点的品牌。消费者在看过高档区以后感觉东西很好,但是想到还要买一双皮鞋钱不够,就看到中低档化妆品了。消费者购买化妆品在犹豫的时候,往往要左顾右盼,如果看到中低档区的时候,因为中低的价位能够承受,比如妮维雅等,就能轻易实现购买消费。

（四）化妆品专卖店的道具设计

化妆品专卖店的道具主要是展柜,化妆品展柜分背柜、嵌柜、岛柜、中岛柜、半岛柜、包柱等。背柜是靠墙放置或背对背放置的高柜。岛柜是在商场里独立的一组柜台,自主经营,状似一个小岛。中岛柜是商家用来展示陈列商品的货架,有托板和挂钩,柜下部可做成柜式或开放式。中岛柜简单地说就是开放式的货架,现在很多专卖店用的都是中岛柜。卖场里有一些支撑用的或者为了布局而设的柱子,就叫包柱。广告可以做包柱上或可以加工成一个陈列岛柜,应用比较灵活。

展柜道具是商场展现商品和构成商场空间视觉的主要框架。不同的商品有不同的展柜道具形式与功能。化妆品展柜与制作的优劣,将直接影响商品的销售和企业的品牌形象。

1. 环形化妆品展柜

比如优尼克家具化妆品展柜的商场,整个建筑环拥一个椭圆形的大面积景观庭院,内街结构基本为环形系统,并向东西两侧伸出弧形路,道路的宽度并不是很大,局部有拔层,内街与平面轮廓的尺度结合得很好,表达了环形布局对于购物中心布局的重要意义。

环形布局适用于较宽松的基地,步行街形成环路,店铺可以获得更为均等的被浏览几率,优点是迴游性好,可以提高销售机会,便于利用平面中明确的向心性来组织中庭空间;缺点是较大的进深尺寸对防火疏散有较高的要求。

2. 中岛的化妆品展柜

中岛的化妆品展柜主要以柱子为中心,柱子之外可以做成试衣间,或者是陈列商品。有一种中岛型卖场,两个品牌之间用墙隔断。如果隔断墙的高度在1.5m,通透性通常会比较好,两个品牌的形象都可以充分地展示出来。但要注意,这种成功的做法的前提条件是：左边是1根柱子,右边是2根柱子,最多不能超过3根柱子。4根柱子的中岛化妆品展柜,日本的一些百货店做得比较好。日本的一些百货店的中岛面积稍大一些。虽然中岛大,但是并没有用隔断墙把顾客隔断起来,这样,顾客可以在中岛里自由穿行。例如,一个中岛当中可以做5个品牌的店,品牌与品牌之间可以化妆品展柜成试衣间,试衣间外面可以做商品的展示,这样,5个品牌的隔断并不是用隔断墙。

通常会比较多的遇到以4根柱子为中心做卖场,不建议大家这么做,这不是一个好的中岛的化妆品展柜方法。在这种情况下,中岛区域太大,虽然中间有矮墙进行隔断,顾客可以看到对面店铺的商品,但是顾客过不去。中岛的顾客有可能会顺着中岛两边稍微大点的通道直接过去,而不会绕着中岛转一圈。这个问题怎么解决？要在中岛的中间再开辟一条通道。如果这么做,可能会使卖场面积减少一些，但是卖场的效率会大幅度提升。这种情况下，中岛虽然同样是4根柱子，但最大的区别在于，顾客可以看到陈列的商品，只能绕着中岛走一圈才能走到对面，而且顾客是围绕着中岛区域的试衣间在转，距离会大大缩短。这样，顾客就不是只能在通道上走，而是直接走在卖场里，可以接近商品，从而增加顾客购物的成功率。

3. 枝形化妆品展柜

枝形布局的实用性很强，不同长度和形态的"枝"可以灵活地适应基地的不同形态，优点是基地利用率高；缺点是迴游性差，如果每条"枝"的长度过大，消费者很容易放弃逛"枝"的其他部分。当然，可以通过谨慎地设计化妆品展柜"枝"的长度、方向、交点、"枝"之间的次级通路来改善这种情况。例如丹麦罗森加德购物中心，内街系统属于枝形之风车形，"风车"的核心设有拔层并设有水池景观，专卖店沿着修长的内街而布置，主力店则一方面通过开敞的咖啡厅与内核联系，另一方面对外又有开放的出入口，使枝形在购物中心布局化妆品展柜中得到实现。

4. 室外化妆品展柜

室外装饰是指店铺门前和周围的一切装饰，如广告牌、霓虹灯、灯箱、电子闪示广告、招贴画、传单广告、活人广告、店铺招牌、门面装饰、橱窗布置和室外照明等。店铺要想取得好的经济效益，首先必须使消费者走进店里。除广告宣传、传统声望等因素外，消费者对一个不相识商店的认识是从外观开始的。人对事物的一般心理反应是，一个室外装修高雅华贵的店铺，销售的商品也一定高档优质；而装饰平平或陈旧过时的外观，其销售的商品也一定是品质低下，质量难保。过于豪华或简陋的装饰，搭配不协调的布置，本身就是拒绝消费者的人为屏障。

室外化妆品展柜主要包括外观化妆品展柜、出入口化妆品展柜、招牌化妆品展柜、橱窗化妆品展柜、外观化妆品展柜。外观是店铺给人的整体感觉，有时会体现店铺的档次，也能体现店铺的个性。从整体风格来看，可分为现代风格和传统风格。

现代风格的外观给人以时代的气息，现代化的心理感受。大多数的店都采用现代派风格，这对大多数时代感较强的消费者具有激励作用。

如果店铺是在商业区，则附近的大商场一般也是现代风格，就能与之达到和谐的效果。在当今发展的社会，现代风格的店铺让人有一种新鲜的感受，使之与现代高速运转的社会和谐统一，也体现了服饰的潮流性。

5. 线形化妆品展柜

线形布局适用于狭长的基地，在线形步行街两侧布置店铺，其优点是布局紧凑、通过效率高、店铺浏览率高、方向性强；缺点是迴游性略差、单方向性造成一定的枯燥感。通常可以通过将步行街化妆品展柜成弧形来增加趣味性，在线上布置大型的节点来缓解消费者的枯燥感。例如上海正大广场，在其狭长的平面中，客流主要沿东西方向运动，宽阔的南街使消费者顺畅地在东西之间自由流动，一个个店铺随着道路的弧度次第出现在眼前，每个店都享有做主角的机会，而南北内街将超长的东西内街从中央截断，一方面可缓解长街的枯燥感，另一方面将客流引向纵深。

6. 边厅的化妆品展柜

边厅的化妆品展柜有多种方法。一般的百货店的边厅都是用比较高的墙进行隔断，并不是用矮墙。隔断墙的深度，最短的需要2400mm，正面是3600mm，最大不能超过3600mm。通道到最里面的背墙，距离一般是5000mm。2400mm之内，通常有两个大的展示群，有4个柜位，柜位的数量一般不能少于4个。为什么最短需要2400mm，就是因为有4个柜位的展示。如果少于4个柜位，商品留给顾客的印象、带来的视觉冲击力会非常弱，基本上起不到什么作用。

边厅要实现个性化，要记住一点，在边厅的最里面的店铺，一定要有视觉点，要让顾客在通道上走的时候，能直接看到这个视觉点，从而进入店内。在通道的宽度是2400mm的情况下，隔断墙可以往里面移动600mm，这样，顾客可以走的通道会达到3000mm，通道会增宽。而当隔断墙往里缩的时候，顾客看店里的视线会更加开阔，更加容易了解店里的商品。

7. 化妆品销售柜台的常见尺寸

化妆品销售柜台的尺寸长度一般为1000～2000mm，宽度为500～600mm，高度为750～900mm，一般设计成双层玻璃柜。正面多用各色胶合板按照企业形象色来装饰表面，同时搭配不锈钢、彩色不锈钢（钛金）及名贵木饰面胶合板，在灯光配合下显得华贵、典雅。

（五）化妆品专卖店的照明设计

不同业态的化妆品专卖店采用不同方式的照明系统，同一化妆品专卖店里不同的商品区域也要采用不同的照明方式。例如，眼影区要用高强度的灯光；香水用品区的灯光可以朦胧一点；收银区的光线不需要过分明亮，以减少消费者的压力；附带的美容空间是一个私密的场所，需要柔和的光线，这样顾客才有更多的安全感和舒适感；零售空间的灯光，适宜采用纯白双管日光灯，日光灯照明度是均衡的，而且弥补了单管日光灯的照明死角问题。

化妆品专卖店照明系统大致可以分为两类。

1. 商品重点式点状灯光分布

商品重点式点状灯光分布是指对某些化妆品专卖店做几种高度照明，其他区域的照度则相对较低。在欧洲一些国家的化妆品专卖店里，点状灯光分布使用比较广泛。

商品重点式点状灯光分布的好处在于使化妆品专卖店看起来具有层次感，因为人的感觉是从一个点看到另一个化妆品专卖店，利用明暗的不同，可以成功地塑造多层次的化妆品专卖店形象；缺点是整体的亮度较低，从外面看起来，化妆品专卖店里比较黑暗。

2. 面状式灯光分布

面状式灯光分布使店面所有地方看起来亮度都相同。大部分化妆品专卖店都采用面状式灯光分布，因为它能营造一种明亮、干净的效果；从化妆品专卖店外面看起来，让人又窗明几净的感觉。它的缺点是层次感稍差。

化妆品专卖店常用内嵌式筒灯来作为主要整体照明器，采用节能荧光灯、LED等电光源，色温大多在3300～5000K，色光为白色。为了让顾客正确辨别颜色和品质，选出心仪的商品，不让商品失去原有的本质，空间显色指数应在80～100Ra，整体色温应该偏暖在3300K以下，局部色温应为冷白光3300～5300K，照度在300～700lx。使用吊灯时，要留意吊灯的高度，最理想距离桌面大约50～60cm，太高的话可能会令人感到耀目，太低会妨碍走路，容易撞头。

对专用与装饰和映补商品的光源，应注意光的与商品的协调。这类灯一般安装在化妆品专卖店柜台内或直接用来照射商品。应掌握的要点是：如果商品本身色调明快清晰，则灯光朦胧才能产生较好的意境；如果商品本身色调较暗，则应使用较强的灯光，以突出商品形象。在彩色光线照射或映衬在色彩鲜艳的物体或商品上，如果光色与物色相同，则物体或商品会特别鲜艳；但如果光色是物体或商品补色则会减弱物品颜色的鲜艳程度，使物体变得灰暗，光色越趋向两个极点，结果往往就越相背。

此外，化妆品专卖店要注意灯光对色彩的"曲解"作用，常言道："灯下不观色"，说的就是这个道理。在灯光下，蓝、绿两色难辨；蓝色货品在灯下会变黑；黄色光映衬在蓝色商品上，会使商品呈现优雅舒适的绿色调，但黄色广照射在紫色商品上，就会出现浊灰色的暗淡色调。

总之，化妆品专卖店灯光的设计与使用，应与顾客通常所反映的心理状态相适应。一般来说，化妆品专卖店要掌握远光要强，近光要弱；远光多色交融，近光少色或单色；远光多变多动，近光少变或慢变慢动。这样就能使用大多数消费者的一般心理要求了。

（六）化妆品专卖店的色彩设计

化妆品专营店是一个时尚的产业，蕴含着丰富的时尚韵味。通过挖掘和表达化妆品的时尚内涵，对化妆品专卖店色彩进行设计，使之能够反映顾客的内心世界，从而使化妆品专卖店受到更多顾客的欢迎。色彩是视觉形象中重要的因素，它有很强的象征性。色彩能表达丰富的情感，在不知不觉中影响人的精神、情绪和行为。紫红色是中国大部分女人一生追求的富贵色，尤其是30岁以上的女人，日本资生堂运用大红大紫的主色调，正是迎合并满足了东方女性追求富贵、地位的消费心理。

化妆品的专营店应有效突出化妆品特点，不要采用太复杂、太缤纷鲜艳的色彩，这样容易分散顾客对化妆品的注意力。选择一种主体颜色代表企业（专卖店）的特征，如可口可乐欢乐喜庆的红色、百事可乐动感活力的蓝色等。化妆品专卖店的形象色彩也不能太单一，否则，顾客进店会有乏味单调的感觉，产生不了购买的欲望和冲动。现在还有相当一部分化妆品专卖店停留在"货品＋货柜"的时代。

化妆品专卖店的定位对色彩的利用程度也有着很重要的影响。例如处于高校区的店铺和处于行政区的店铺，在色彩的设计利用上截然不同，以30岁以上顾客为主的店铺和以20岁左右顾客为主的店铺，在色彩的设计和利用上也会截然相反。即便是同一个化妆品店铺，针对不同消费层次的顾客群体，在陈列方面也要有意去营造，如大众化的商品除了突出量陈外，色彩要明快一些，价格比较高的商品除了陈列数量少外，还要通过色彩来体现它的高贵典雅。针对20多岁的年轻人顾客，这样的店铺一般在高校区、企业员工居住区或者都市村庄附近，这样的店铺色彩要多一些，如红、绿、黄、白、蓝，温馨浪漫赏心悦目是主题。针对30岁以上的成年顾客，这样的店铺一般在有钱人或者有权人居住比较集中的地方，店铺色彩不能太多，以红色、紫色为主，以衬托顾客尊贵典雅的身份。

另外，化妆品店铺要结合季节和节假日的特点，及时调整应季的主题色彩，给顾客留下深刻的美好印象。例如，与春、夏、秋、冬四季相对应的主色调为绿、蓝、黄、白，春季以翠绿的青草绿芽等为背景画面，夏季以淡蓝的阳光沙滩为主背景画面，秋季以红黄的累累果实等为主背景画面，冬季以蓝白的雪地雪人为主要背景画面。又如，三八节、情人节、七夕以玫瑰红和玫瑰花为主色调，春节、国庆以喜庆的大红色结合黄色为主色调，圣诞节以蓝白为底色调等。

春天，店铺的翠绿色调多一些，给顾客一种充满生机活力的享受；夏天，店铺的淡蓝色调多一点，给顾客一种清新凉爽的感受；秋天，店铺的黄红色调多一些，给顾客以丰收的喜悦和成就感；冬天，店铺的蓝白色调同红紫色调相互结合，除了映衬季节特点还要营造一种喜庆丰收团员祥和的氛围。另外，店员着装也要结合季节特点和店铺的主题色相协调，比如，春季可以着浅绿加白的正装，夏季着浅蓝加白的套裙，秋季着淡黄加绿的正装，冬季着深色正装。特别是附属的美容服务空间，适宜采用大块的色彩。一些附属的空间适宜大块的色彩，这个也能够看出来。

一般说来，化妆品专卖店的墙壁应该以白色为主，因为白色配色广泛，可以和很多色彩搭配。没有个性就没有特点，如果你的化妆品店面同其他的化妆品店面相比，没有独特的魅力，顾客就不会经常光临，尤其是随着季节的变化，美容产品的更新，化妆品店面的主题更应该常换常新，这就需要我们有一个长期的计划。

（七）化妆品专卖店展示设计趋势

（1）展柜空间趋向开放式。

（2）背柜的画面趋向动态展示。

（3）背柜的造型渐渐突破传统的隔板式或灯箱式，突破对称。

（4）前柜趋向轻巧，所有柜子要求易于组合和产品化、标准化。

（5）展架趋向轻巧简洁，易于组合和更换。

（6）材质的多样化已成趋势，配件和科技元素的运用也非常走俏。

（7）艺术性的增加使产品附加值增加，往往一个新品的诞生，离不开艺术化的单品架陈列。大品牌的展示元素个性化越来越强，小品牌的品牌个性仍然需要增强。

（8）灯光的效果越来越重要和多样化。

（9）软装饰在化妆品专卖店展示设计中也具有很重要的作用，可以说没有陈列架就没有气质，没有软装饰就没有灵魂。

四、项目检查表

项目检查表					
实践项目		化妆品专卖店设计项目			
子项目		化妆品专卖店室内设计	工作任务		制作化妆品专卖店方案草图、施工图、电脑效果图
检查学时			0.5学时		
序号	检查项目		检查标准	组内互查	教师检查
1	化妆品专卖店手绘方案草图		方案创意性、手绘准确性		
2	化妆品专卖店电脑施工图		尺寸是否准确、是否符合制图规范、工艺是否准确		
3	化妆品专卖店电脑效果图		空间表现效果、方案创意		
检查评价	班级			第 组	组长签字
	小组成员签字				
	评语:				
	教师签字			日期	

五、项目评价表

项目评价表						
实践项目	化妆品专卖店设计项目					
子项目	化妆品专卖店室内设计		工作任务		化妆品专卖店制作方案草图、施工图、电脑效果图	
评价学时					1学时	
考核项目	考核内容及要求	分值	学生自评（10%）	小组评分（20%）	教师评分（70%）	实得分
设计方案	方案合理性、创新性、完整性	50				
方案表达	设计理念表达	15				
完成时间	3课时时间内完成，每超时5min扣1分	15				
小组合作	能够独立完成任务得满分	20				
	在组内成员帮助下完成得15分					
总分		100				
项目评价	班级			姓名	学号	
	第 组		组长签字			
	评语:					
	教师签字				日期	

六、项目总结

化妆品专卖店室内设计实训是本次项目实训的核心内容,需对化妆品专卖店室内进行具体方案设计,并完成施工图和效果图。这个阶段要确定设计方案的具体内容,即对专卖店空间各个界面的造型、色彩、材质以及使用的家具和道具进行最终的确定,并要具体表现出来。在项目实践开始及实施过程中,要求小组成员要经常沟通,保证整个设计风格的统一性。小组成员所做的方案图纸应该是一致的,这样,整个小组才能拿出一套完整的设计方案。

七、项目实训

(1)用快速表现的方式手绘方案透视草图、平面布置图和立面图。

(2)用 CAD 绘制施工图,包括平面布置图、天棚平面图、墙立面图、道具详图、节点图。

(3)用 3ds Max 和 VRay 制作电脑效果图。

八、参考资料

(一)图书资料

(1)肖友民,林蛟.商业空间设计.北京:清华大学出版社,2012.

(2)张旭.展示设计.开津:天津大学出版社,2009.

(3)张绮曼,郑曙旸.室内设计资料集.北京:中国建筑工业出版社,1991.

(二)网络资料

(1)中国商业展示网 http://www.zhongguosyzs.com/channel/15263287。

(2)中华室内设计网 http://www.a963.com/。

子项目4 化妆品专卖店店面设计

一、学习目标

（一）知识目标
（1）掌握化妆品专卖店店面设计方法。
（2）掌握化妆品专卖店橱窗设计方法。
（3）掌握化妆品专卖店招牌设计方法。
（4）掌握化妆品专卖店店面施工图绘制方法。
（5）掌握化妆品专卖店店面效果图表现方法。

（二）能力目标
（1）培养学生方案分析能力。
（2）培养学生方案手绘表现能力。
（3）培养学生电脑施工图绘制能力。
（4）培养学生电脑效果图绘制能力。

（三）素质目标
（1）培养学生设计创新能力。
（2）培养学生敬业精神。
（3）培养学生团队合作能力。
（4）培养学生独立工作能力。

二、项目实施步骤

（一）方案草图绘制
结合化妆品专卖店室内设计方案，确定专卖店店面的设计方案，用手绘快速表现的方式表现出来，表达店面与周围环境、与化妆品专卖店室内的关系，并作为电脑施工图和电脑效果图制作的依据。

（二）电脑施工图绘制
依照现场的原始图及设计方案草图，绘制化妆品专卖店店面的立面图、施工节点图等。

（三）电脑效果图绘制
在3ds Max里导入平面图，根据设计方案，选取合适的角度，制作化妆品专卖店店面电脑效果图。

三、知识链接

店面，是化妆品专营店的一张脸，是消费者的第一视觉要素，有一句广告语说得好："人靠衣装，美靠靓妆。"化妆品店店面设计得得当，就像穿上了一件漂亮的外衣，大家对它的第一印象就很好。

一般来讲，消费者的心理反应是：店面设计简陋，搭配不协调的专卖店，所经营的产品一定是过时的、陈旧的、品质不高的；装修高贵奢华的专卖店，所销售的产品也一定是高品质、高档次的，服务也是一流的。但过于豪华的门头也会让囊中羞涩的女顾客望而却步。所以，应把握好设计尺度，合适的就是最好的。

设计一个具有吸引力，符合化妆品流行、时尚、个性的行业特征的店面及装饰，涉及以下几个方面：①店名设计；②招牌设计；③店门设计；④橱窗设计。化妆品专卖店的店面设计，要体现女性消费所追求的时尚、浪漫、温馨、高贵、有品位、有魅力。让顾客一看见，就容易记住、容易理解，而且产生一种想走进去看看的感觉。

（一）化妆品专卖店店面设计要点

（1）了解周围环境、交通状况及建筑物风格。在不失个性的前提下，尽量做到使店面造型与周围环境浑然一体。

（2）墙面划分与比例尺寸适宜。专卖店的橱窗、入口、招牌等物的位置、大小应安排得当，尺度适宜；墙面色彩、光亮对比变化有节奏韵律，重点突出，主次分明，具有层次感。

（3）利用CI（企业形象识别系统）设计，将店外的建筑造型风格、环境色彩、标识物等方面与店内的布置特色统一起来，以形成协调的视觉效果。

（4）门头招牌造型简练、设计醒目。化妆品专卖店门头招牌要想引起受众的注意，必须以简洁的形式、新颖的格调、和谐的色彩突出自己的形象，否则，就会被消费者忽视。

（5）重视陈列设计。化妆品店广告是商业文化中企业经营环境文化的重要组成部分，因此，除开化妆品专卖店门头招牌要有利于树立化妆品店的形象，也要注意化妆品陈列，加强和渲染购物场所的艺术气氛。

（6）强调现场广告效果。由于化妆品店广告具有直接促销的特点，必须深入实地了解化妆品店的内部经营环境，研究经营化妆品的特色，以及顾客的心理特征与购买习惯，以求设计出最能打动消费者的店面广告。

（二）店面外观设计的原则和要素

设计便于进入的店面，应注意使店面随时保持清洁，如果店面肮脏不堪的话，顾客何止不会靠近，反而会避之唯恐不及；让顾客在店外就能分辨是卖什么的店，能够直接看得到店内；入口处最好没有门，否则会影响顾客的进入。店面很明亮；色彩适当；屋顶有适当的高度，顾客不会产生压迫感；道路和店堂之间没有阶梯或坡度；由店门口进入店内的通道保持适当的宽度；店面外要有热闹的商品展示，以吸引顾客（图2-14、图2-15、图2-16）。

（三）店名设计

专卖店店名设计时，一般应遵循易读、易记的原则，间接地表达涵义，有独特的个性，新颖不落俗套，响亮而有气魄。

专卖店店名还应该暗示商店经营商品的属性和类别。但问题是，店名越是描述某类经营商品的属性，那么这个名称就越难向其他经营范围延伸。因此，经营者在为专卖店命名时，不应使店名过分暗示经营商品的种类或属性，否则将不利于企业的进一步发展，店名也会因此而失去特色。

店名要有一定的寓意，让消费者能从中得到愉快的联想，如"高端"化妆品专卖店，会使顾客联想到超级市场出售的化妆品是大品牌的高端品质商品。

设计店名的时候还要考虑到能够支持店标，店标是指连锁店中可被识别但无法用语言表达的部分。店标是

图2-14 韩国化妆品店面设计

图2-15 韩国化妆品店面设计

图2-16 韩国化妆品店面设计

命名的重要内容，需要与店名联系起来考虑。当连店名能够刺激和维持店标的识别功能时，化妆品专卖店店面识别系统的整体效果就加强了。

店名还要适应市场，要适应消费者的文化价值观念。化妆品专卖店的店名不仅要适应目前目标市场的文化价值观念，而且也要适应潜在市场的文化价值观念。

还可以采用以人名作为店名，会使人感到熟悉和亲切；以数字名作为店名使人易记易识；以动植物命名，会使人产生对动植物的联想；借用一些字和词组构成店名。要注意的是不要用地名作为企业名，因为一是不利于企业今后向外地发展；二是商标法规定，县级（含县级）以上的地名不得作为企业商标和名称。

（四）店名字体设计

（1）店名的字体特征要容易识别、方便塑造型态、容易读诵、有系统性。

（2）店名字体无论是英文字体还是汉字字体，均可粗分为印刷体、美术体和书写体3类。

（3）经营化妆品的商店，其店名多用纤细、秀丽的字体，以显示女性的柔美秀气。

（4）字体设计要求字体要与商店经营属性相吻合；要有美感、使视觉舒适；要易于阅读。

（5）经过调查分析，然后确定造型，进一步配置笔画，最后编排制图，完成设计。

（五）店标设计

1. 店标的作用

便于消费者认知店面，产生关于专卖店内产品的联想，店标的造型引起顾客喜好，能够彰显专卖店的品质，诱发消费者到店观看进而购买商品。

2. 店标的种类

标识的形态可以从音、形、图画三方面来考虑，还可以从名称、解释和寓意上入手来确定标识的内容，运用艺术的语言达到表现专卖店内涵的目的。

3. 店标的特点

要将丰富的传达内容，以更简洁、更概括的方式在相对较小的空间里表现出来，同时需要观者在较短的时间内理解其含义。

（1）容易识别。无论形态、色彩、特征都应明显，易识易记。

（2）加深记忆。使庞大复杂的机构归于一个视觉符号，使受众产生特别深刻、特别清晰的记忆。

（3）易于制作、推广。规范化、标准化、程式化，使之更有利于推广。

（六）出入口设计

卖场出入口按其开放程度的大小，可分为开放型、封闭型、半开放型。

1. 开放型

开放型出入口是将卖场临街的一面全开放的类型。顾客从街上就能很轻易地望见卖场内部陈设及商品，顾客出入卖场没有障碍。这种出入口可方便顾客出入，并有利于充分显示卖场内商品，从而可加快购买速度。同时，卖场内自然光充足，减少了灯光方面的开支，具有节约电能、节省费用的优点。但这种类型的人口受外界环境的干扰大。

2. 封闭型

封闭型出入口则是指面向大街的一面用橱窗或有色玻璃遮掩起来，出入口尽可能小，让顾客在橱窗前品评陈列的商品后再入卖场参观选购。这种店门可以隔绝噪声，阻挡寒暑气和灰尘，能为顾客提供较舒适的选购空间，延长顾客在卖场内逗留时间。但这种卖场不易出入，可能使顾客产生不够亲切的心理感受，而且安装推拉玻璃门支出费用较昂贵，会造成经营费用的增加。

3. 半开放型

半开放型出入口是介于上面两种类型的中间状态，出入口大小适中，玻璃明亮，橱窗倾斜配置或低位设置，顾客能从大街上看清卖场内部，从而不知不觉被吸引进入卖场。

很多小商店只有一个出入口，大百货商场可能有4～8个或更多的出入口。卖场如果希望吸引驾车者和步行者，应至少有两个出入口（一个在店前吸引步行者；另一个在店后，紧挨停车场）。店前出入口和店后出入口有不同的作用，所以要分别设计。应当注意出入口过多造成商品失窃率上升。

其中店门可以选择旋转门、电动门、普通推拉门或温度控制门，后者是有暖或冷"空气门帘"的敞开式出入口，可使出入口同卖场温度相同，这种出入口可使卖场具有吸引力，减少行人拥挤，并使顾客看到卖场情况；出入口地面可以挑选水泥、瓷砖或地毯式的；灯光可以选择传统或荧光的、白色或彩色的、闪光或不闪光的。

宽敞、大方的通道能营造出与狭窄、压抑的过道完全不同的气氛和情绪。在店面设计中，必须给走廊留有足够的空间。大的橱窗陈列可能具有吸引力，但如果没有足够的空间使顾客舒服地进入卖场，顾客是不会感到愉快的。

（七）招牌与橱窗设计

1. 招牌设计的要求

（1）招牌的色彩。化妆品专卖行业，黑色是代表了一种"永恒的时尚"。对艺术家来说，黑色是最有魅力的色彩，在时装界黑色从来便是色彩。很多高端品牌如阿迪达斯、IBM、SONY、派克、达芙妮、玉兰油，都选择了黑白配。但是一般企业在CI设计上尽量不要用到黑色，黑色在CI设计中是比较难以处理的。黑色代表了神秘，高贵，叛逆，是一种非常难以驾驭的颜色，黑色的运用极具挑战性。

为了体现"化妆品专卖店"的高端时尚尊贵的形象，我们有时还是选择了黑色，我们用白色把它变轻，用红色把它变活，店内卡片采用是黑色，但店内广告全部采用了红色。化妆品专卖店店面形象采用黑、红、白三色；黑红白是经典搭配，高雅中略带叛逆，时尚中不失稳重，黑、红、白的反差，极具视觉冲击力，品牌的强烈个性表现得淋漓尽致；一红一白两条平行线，在黑色的深邃中无限延伸，极具艺术感。

为提升品牌形象，化妆品专卖店每个店都会要求做一个精品柜，精品柜的灯光做了特别设计，沿用了原来晶美饰品的陈列方法，但在细节之处做了小小的改动，精品柜中摆放高档饰品精品。收银台与收银机也是红黑相配，合而为一，好像这个收银机是专为"化妆品专卖店"设计的。

女性购物属于冲动式消费，店面形象是活的广告，抵上几万张传单，店面装修千万不能大意，重在细节。在商业街，顾客进店具有很大的随机性，店面形象营销是饰品营销的第一步，也是吸引顾客进门的第一步。消费者对于招牌的识别往往是先从色彩开始再过渡到内容的，所以招牌的色彩在客观上起着吸引消费者的巨大作用。因此，色彩选择应温馨、明亮而且醒目突出，使消费者过目不忘。一般应采用暖色或中色调颜色，如红、黄、橙、绿等，同时还要注意各色彩中间的恰当搭配。例如有的超市的招牌为红、绿、白三色；还有的超市招牌为红、白两色，或以红、蓝色为主色调设计。

（2）招牌的内容。招牌的内容要求在表达上简洁突出，而且字的大小要考虑到中远距离的传达效果，要具有良好的可视度及传播效果。

（3）招牌的材质。招牌要使用耐久、耐雨、抗风的坚固材料，如木、塑料、金属、石等，或以灯箱来做招牌。在选择材质时，要注意充分考虑全天候的视觉识别效果，从而使其作用发挥到极致。

（4）招牌的种类。招牌分为广告塔式、横置招牌、壁面招牌、立式招牌和遮幕式招牌5种。一般的研究认为，眼睛与地面的垂直距离为1.5m左右，以该视点为中心上下25°～30°的范围为人视觉的最佳区域，在此区域内放置招牌效果最佳。

2. 招牌材料的选择

（1）招牌面材有水泥细石面、油漆或涂料面、大理石、马赛克、贴砖、墙砖、大理石砖等面材，还有金属板材面、有机玻璃面和拼接玻璃、镜面、茶色玻璃面等。

（2）招牌字及图案的种类。招牌字及图案主要有以下几类。

1）金属字及图案。有铜质、不锈钢及其他金属字或图案，其特点是华丽富贵、生动醒目。通常要通过招牌面上有承载能力的挂钩、铁钉及其他承件连接到内壁挂孔和骨架上，从而使之与招牌面紧密衔接。

2）塑料、有机玻璃字及图案。其特点是色泽艳丽，制作简便。通常由塑料字或图案薄片贴在泡沫上，再粘贴、固定在招牌面上。但这种字形耐久性差，时间一长，光泽易退失，而且易老化变形。

3）玻璃或镜面字及图案。由小块玻璃或镜面组成，通过强力胶贴在招牌面上。其招牌面底部应安装相应宽度的金属薄板制成边沿，以防玻璃块脱落发生不测。

4）水泥字及图案。由水泥浇铸而成，其特点是自然质朴，但因分量太沉而安装不便。

5）贴塑或油漆字及图案。其特点是简单易行，但需要经常维修上漆。

3. 橱窗的类型

（1）综合式。综合式陈列方法主要有将商品分组横向陈列，引导顾客从左向右或从右向左顺序观赏的，叫做横向橱窗陈列；将商品按照橱窗容量大小纵向分为几个部分，前后错落有致地放置，便于顾客从上而下依次观赏，是纵向橱窗陈列；用分格支架将商品分别集中陈列，便于顾客分类观赏，为单元橱窗陈列，这种类型多用于小商品。

（2）系统式。这种方法又可具体分为同质同类商品橱窗陈列、同质不同类商品橱窗陈列、不同质同类商品橱窗陈列和不同质不同类商品橱窗陈列。

（3）专题式。这类橱窗分为以庆祝某一节日为主题，组成节日橱窗专题的节日式陈列；以社会上某项活动为主题，将关联商品组合在一起的事件性陈列；还有根据商品用途，把有关联性的多种商品在橱窗中设置成特定场景的方式，以诱发顾客的购买行为。

（4）特写式。特写式橱窗陈列是运用不同的艺术形式和处理方法，在一个橱窗内集中介绍某一连锁企业的新品。这类陈列试用于新产品、特色商品的广告宣传。分为单一产品特写陈列和商品模型特写陈列两种。

（5）季节式。季节式橱窗陈列是根据季节变化把应季商品集中进行陈列。这种手法能满足顾客应季购买的心理特点，有利于扩大销售。

4. 橱窗的设计要求

橱窗作为吸引路人关注、宣传商品特征、倡导品牌思维的第一视点，有让路人驻足观看、传达品牌信息的作用。它比招牌更加直接，也更加形象。化妆品店比较常见的是开放式橱窗。该类橱窗没有背景，直接与店内空间相连，顾客可以透过玻璃一目了然。在设计上，或者极端复杂，要求橱窗和店面在色彩、结构和产品展示上都要完美统一；或者极端简单，由于店面的完美设计，无需过多的其他产品陈列来修饰。

（1）背景要求。背景是橱窗广告制作的空间，对背景的要求类似室内布置的四壁。形状上，一般要求大而完整、单纯，避免小而复杂的繁琐装饰。颜色上，尽量用明度高、纯度低的统一色调，即明快的调和色（如粉、绿、天蓝等色）。如果广告宣传商品的色彩淡而一致，也可用深颜色作背景（如黑色）。

（2）道具要求。在设计上，或者要求同橱窗和店面在色彩、结构和产品展示上都要完美统一；或者由于店面的完美设计，无需过多的产品陈列来修饰，造型简洁大方，色彩采用单一明快的大色块。

（3）灯光要求。化妆品专卖店橱窗突出视觉效果，照明设备兼顾照明、节能和装饰性。注意充分利用射灯，突出重点商品照射；充分考虑顾客的眼睛在强光下容易疲劳；越高级的化妆品专卖店，光线越柔和，充分利用照明强度变化彰显品位；橱窗整体照度不能超过店内灯光亮度。

5. 橱窗的设计特点

橱窗的本质是销售，但橱窗设计却体现了商家的独出心裁，与展示设计师的无穷的艺术灵感。在一个平面与立体结合的橱窗之中，融入了创意、造型、色彩、材料、灯光等多种因素。更是一个城市的缩影，从橱窗里，你还可以把握到城市的脉搏，体会各个季节、假日不同的味道。

体现了各个商店独特的品位风格各异的设计，随着顾客脚步的移动，各个灯光各异，色彩缤纷的橱窗好似流动的幻灯片，吸引着不同顾客在其前面的驻足浏览。橱窗的设计起着比店内导购员更为重要的作用。以其更

图 2-17 香奈儿展柜

为直接的展示效果，吸引他们进店的最主要几种因素，依次为：品牌，橱窗，促销信息，导购员介绍，朋友推荐等。由此可见，橱窗设计以其最大空间，最为直观的效果对产品的销售及企业文化的传播起着举足轻重的作用，一成不变的展示方式已不适应社会的发展，只有创意新颖，风格独特的设计才能吸引行色匆匆的脚步。如何在短短几秒钟内吸引顾客的注意，同时能够用无声的语言说服消费者进店光顾，这是空有一个响亮品牌，高质量的品质所不能完全做到的。

随着社会的进步，近代许多欧美橱窗设计除了商品魅力诉求之外，还增加一以间接的形式表达更宽广，深厚的人文关怀或艺术风格。由于今日企业社会责任感的不断加强，橱窗艺术不一定基于商业目的，对于社会关怀、季节感知、文化气息、速度感、安全感、可以信赖感等抽象意义的传递，企业有着更多选择性。

案例一 香奈儿展柜风格。现代简洁沉稳轻巧，注重细节设计，注重线条感和艺术性（图 2-17）。

优点：全开放式，朝门口方向以画面和明星架为主，主展架朝主要客流区，次展架朝相反方向，两头以明星展架为主，四面通透的展柜，中间为等候区和洽谈区，主展架背后是试装区，办公区位于人流量最少的角落。黑白色调，辅助金色和银色，主要用不锈钢亮光，玻璃烤漆，木质烤漆。组合性和更换性强。亮点：明星产品架的绚丽和艺术性，边柜的独有性和轻巧感。

缺点：门楣过于简单，中间客户洽谈区基本被杂物堆砌，背柜显小气琐碎。

展架优点：平整，简洁，黑色，陈列面大而整齐，展示的以大斜面为主，用画面区分每个功能区。组合性和更换性强。

缺点：大斜面的展示架形式上比老款要乱，目前没有迪奥整齐简洁。

亮点：金色的小拉手和超级的色调统一和整齐。

案例二 迪奥展柜风格。现代简洁沉稳，注重细节，用材奢侈、大气（图 2-18）。

优点：全开放，朝主人流区为重点展示和进出口，头为巨幅动态灯箱和明星产品陈列。

缺点：试妆区为内凹式，并且中间隔一个陈列架，人坐的位置比较受拘束，不够开放，试妆区陈列架的展

图 2-18 迪奥展柜

示对试妆未起到作用,因为位置太高,头均为封闭式,空间略显浪费,大斜面陈列架上面为整幅灯箱,假使有人在看展架,也不易被营业员发现。

展架优点:彩妆架的白色内发光边与黑色整体形成强烈对比美,白色灯带把产品分三大块,也使架子更整体,护肤架的背板很醒目,能存托瓶子,并有一种礼盒打开的效果,比香奈儿的没有背板的护肤架更气势夺人。

缺点:一味地按照洗护顺序,忽略了产品摆放第一视觉感受,因此摆放很乱,并且背板也有高低之乱。

(八)店门

店门是顾客进出的重要环节,安放在中央还是左右两边,这要看人流动向而定。一般大型化妆品专卖店(横向截面大于10m)的店门安置在中央;小型店安置在右手或者左手边,因为店内狭窄,安置中央会影响店内使用面积,也会影响顾客的动向,不能充分通过橱窗展示店内的商品特色。

还应考虑门前道路的平整度,门前是否有遮挡,是否有破坏整体形象的建筑或物品,以及太阳照射角度方位对采光的影响等。化妆品专卖店的门最好使用无框整体玻璃门,通透性好、大方简洁;低价位可采用左右滑动式或普通拉开式;高价位应当使用感应自动门。店门保持整洁明亮,不宜过分张贴海报。

(九)电子防盗系统的选择

由于保护形式不同,可分为立式系统、隐蔽系统和通道式系统。立式系统的检测装置醒目地立在商场的出入口处,除检测功能外,还具有明显的威慑作用。而隐蔽式系统是把系统隐蔽安装在出口的地毯下或天花板处,不影响商店的整体环境,亦能起到防盗保护的作用,还能满足店主既美观又防盗的需要。通道式系统则是在超市出口把 EAS 系统同收银台连成一体,构成通道式保护,是实现超市防盗的有效方法。

项目二　化妆品专卖店设计

四、项目检查表

项目检查表				
实践项目		化妆品专卖店设计项目		
子项目	化妆品专卖店店面设计	工作任务		化妆品专卖店店面方案草图、电脑施工图、电脑效果图制作
检查学时		0.5 学时		
序号	检查项目	检查标准	组内互查	教师检查
1	化妆品专卖店店面手绘方案草图	是否详细、准确		
2	化妆品专卖店店面电脑施工图	是否齐全		
3	化妆品专卖店店面电脑效果图	是否合理		
检查评价	班　级		第　　组	组长签字
	小组成员签字			
	评语：			
	教师签字		日　期	

五、项目评价表

项目评价表					
实践项目		化妆品专卖店设计项目			
子项目	化妆品专卖店店面设计		工作任务		化妆品专卖店店面方案草图、电脑施工图、电脑效果图制作
评价学时		1 学时			
考核项目	考核内容及要求	分值	学生自评（10%）	小组评分（20%）	教师评分（70%）	实得分
设计方案	方案合理性、创新性、完整性	50				
方案表达	设计理念表达	15				
完成时间	3课时时间内完成，每超时5min扣1分	15				
小组合作	能够独立完成任务得满分	20				
	在组内成员帮助下完成得15分					
	总分	100				
项目评价	班　级		姓　名		学　号
	第　　组	组长签字			
	评语：				
	教师签字		日　期		

六、项目总结

化妆品专卖店的店面设计属于室外设计，是整个设计项目中的一个重要环节，也是进行化妆品专卖店设计所必须掌握的知识和技能。相对于化妆品专卖店室内空间设计来说，店面设计涵盖面更广泛，包括招牌设计、橱窗设计、陈列设计、店门设计、POP广告设计、灯光设计等平面、装饰、装修综合技能。在这之前的项目训练，学生多数是进行室内设计，从事店面设计的机会不是很多，这就要求学生不能按照室内设计的惯性去设计店面，需要了解平面、广告、装潢等其他学科的知识，综合运用相关技能，才能较好地把握店面设计。

七、项目实训

（1）用快速表现的方式手绘店面方案透视草图、平面布置图和立面图。

（2）用CAD绘制店面施工图，包括平面布置图、天棚平面图、墙立面图、道具详图、节点图。

（3）用3ds Max和VRay制作店面电脑效果图。

八、参考资料

（一）图书资料

（1）《中国洗涤化妆品周报》。

（2）《销售与市场·化妆品观察》杂志社. 中国化妆品中毒变革. 北京：企业管理出版社，2008.

（3）宋寿剑，赵幸辉. 展示空间设计. 北京：中国建材工业出版社，2012.

（4）张绮曼，郑曙旸. 室内设计资料集. 北京：中国建筑工业出版社，1991.

（二）网络资料

（1）中国商业展示网 http：//www.zhongguosyzs.com/channel/15263287。

（2）设计之家 http：//www.sj33.cn/。

（3）百度文库 http：//wenku.baidu.com。

（4）中国化妆品 http：//www.chinacosmetics.cn/。

项目三　商场美陈设计

商场美陈设计整体项目实施计划表	
一、项目导入	
（一）项目名称	某商场节日美陈设计
（二）项目背景	此项目为中型综合商场节日美陈设计（商场性质及节日自由拟定）。商场位于商业区，有两层营业区域，营业面积约为10000m²，有一中庭，每层层高4.5m。根据品牌及顾客对象特点完成商场卖场、中厅及店面美陈方案设计
（三）项目图纸	商场一层平面图 商场二层平面图

093

二、项目分析

（一）设计要求	（1）设计范围。商场中庭美陈设计、店面美陈设计。 （2）风格定位。根据商场的经营定位，节日类型及氛围，制定美陈风格。 （3）功能设计。功能划分要考虑卖场功能划分的特点，美陈设计符合卖场营销需求和消费者心理需要。 （4）美陈道具的安装要考虑建筑结构的承重、贴合空间环境，符合安全、环保的要求
（二）项目成果要求	（1）手绘草图。商场中庭美陈效果透视草图1张、店面美陈效果透视草图1张（A4幅面）。 （2）电脑施工图。商场中庭美陈平面布置图1张，立面图1张，道具详图节点1~2张；商场店面美陈平面布置图1张，立面图1张，道具详图节点1~2张（A3幅面）。 （3）电脑效果图。商场中庭美陈效果图1张，店面美陈效果图1张（A3幅面）
（三）项目实施要求	（1）要求学生分组合作，自主完成，作品要有自己的创意。 1）班级分组，以团队合作的形式共同完成项目，建议4~5人为一组，每个小组选出1名组长，负责项目任务的组织与协调，带领小组完成项目。小组成员需要独立完成各自分配的任务，并保证设计方案的整体性。（后附班级分组表） 2）每个小组完成最为完善的设计方案，并制作整套图纸。选出1名组员负责方案的讲解和答辩。 （2）建筑结构、辅助设施在符合建筑规范的基础上进行有限度的改动。 （3）布局和功能合理，设计风格符合企业特点。 （4）手绘草图结构准确、设计思路表达清楚；电脑效果图构图完整、比例关系准确、场景表现效果良好；施工图符合制图规范要求，尺寸标注清晰准确，材料标注详细、使用合理

三、项目考核方式

（1）过程考核。通过小组成员在实训过程的态度表现，进行考核评分，包括出勤情况、完成任务的效率和质量、团队合作的情况等。这部分分值占总分的40%。

（2）成果考核。对学生在实训中完成的整套项目成果进行考核，包括任务完成的作品质量、方案陈述的情况等。这部分分值占总分的50%。

（3）综合评价考核。在学生最终作品完成后，邀请合作企业的相关人员，如设计师、工程技术人员与专业评价教师团成员，以行业企业的标准对学生的作品进行综合评价。这部分分值占总分的10%

四、学习总目标

知识目标：掌握服装专卖店基本概念、室内设计程序和设计方法。

能力目标：培养学生服装专卖店室内空间设计能力、电脑效果图和施工图绘制能力、设计表现能力。

素质目标：培养学生团队合作能力、设计创新能力、语言表达与沟通能力

五、项目实施内容

子项目1　项目调研	4课时
子项目2　商场美陈总括方案设计	4课时
子项目3　商场中庭美陈设计	12课时
子项目4　商场店面美陈设计	8课时

子项目1 项目调研

一、学习目标

（一）知识目标
（1）掌握商场美陈调研的方法。
（2）掌握现场勘查的方法。
（3）掌握原始现场资料的收集方法。
（4）掌握市场调研的方法。

（二）能力目标
（1）培养学生现场测量能力。
（2）培养学生资料收集整理能力。

（三）素质目标
（1）培养学生独立工作能力。
（2）培养学生工作统筹能力。

二、项目实施步骤

（一）客户调研
通过客户调研，掌握商场的经营内容、营销理念、美陈设计意图，了解甲方需要美陈设计的装饰风格和设计要求，了解美陈设计范围。

（二）现场调研
准备卷尺、纸、笔，在约定时间到现场勘测，做好勘测记录。

（三）收集整理调查资料
根据客户调研和现场调研情况，收集整理调研所得的资料和数据，并进行分类。

（四）市场调查
到装饰材料市场，了解美陈设计常用的材料种类、性能和工艺。

（五）调研报告
根据调查结果，制作调研报告。

三、知识链接

（一）美陈设计的内涵
美陈指美术陈列，是将产品元素以占据一定空间使其具有可视形象以供欣赏的艺术。商业美陈可以通俗地理解为百货业商业环境的美化装饰和陈列展示。由商家出资，通过艺术手法展现形式，宣传自身品牌，扩大知名度，来加强消费者对品牌的认可。

商业美陈的内容涵盖了室内外景观，店面橱窗、公共空间道具（服务台、展架、展柜、休息椅等）、装饰小品、楼层导视等。从艺术角度看，商业美陈是以景观绿化、商场环境和装饰艺术为主体，结合商业建筑、商业运营、营销策划的综合性项目。

商业美陈的出现，不仅具有美化环境、营造商业氛围的功效，最重要的是能够提升消费者的活动体验及积极性。应季商品上市、节日优惠、商品促销、产品推介等营销活动中，都会有商业美陈的介入，并有力地支持商场的营销活动（图3-1、图3-2）。

图3-1　商场美陈设计（一）

图3-2 商场美陈设计（二）

（二）美陈设计的调研

1. 了解商场的经营性质

美陈设计一般以百货商场比较多，通常以经营各类服装、服饰为主，每一层按消费对象不同进行分类。但也有些商场的商品并非以服装为主，如电器商场、家具商场等，其美陈设计均有别于服装商场。在调研中需要详细了解商场的经营性质。

2. 了解商场美陈设计的要求

与客户充分沟通，了解商场美陈设计的具体要求，包括节日营销的方案、美陈布置的位置、项目预算等，做到心中有数。

3. 了解商场以往的节日美陈

对商场过去的节日美陈，包括设计方案及已实施的方案都需要了解，作为设计中的重要参考，并以此摸清客户的需求，尽力在此基础上有所突破和创新。

4. 了解现场情况

通过现场调查，了解现场的建筑结构、商品陈设、交通动线等，特别是需要了解现场的情况适合什么样的美陈工艺。如商场有中厅，可实施装饰品悬吊、地面摆放等手法；入口有立柱，可以做柱面装饰等。

四、项目检查表

项目检查表				
实践项目	商场美陈设计项目			
子项目	项目调研	工作任务	商场美陈施工现场调研	
检查学时	0.5学时			
序号	商场美陈检查项目	检查标准	组内互查	教师检查
1	商场美陈调研工具	是否齐全		
2	商场美陈现场测绘图纸	是否准确		
3	商场美陈调研记录	是否详细		
4	商场美陈调研报告	是否完整		
检查评价	班级		第　组	组长签字	
	小组成员签字				
	评语：				
	教师签字		日　期		

五、项目评价表

项目评价表						
实践项目		商场美陈设计项目				
子项目	项目调研		工作任务		商场美陈施工现场调研	
评价学时			1学时			
考核项目	考核内容及要求	分值	学生自评（10%）	小组评分（20%）	教师评分（70%）	实得分
客户调研	调查内容详细、完整	25				
现场调研	测量尺寸准确、细节调查全面	25				
资料收集	相关资料收集完整	15				
完成时间	3课时时间内完成，每超时5min扣1分	15				
小组合作	能够独立完成任务得满分	20				
	在组内成员帮助下完成得15分					
	总分	100				
项目评价	班　级　　　　　　　　　　姓　名　　　　　　　学号					
	第　组　　　组长签字					
	评语：					
	教师签字　　　　　　　　　　　　日　期					

六、项目总结

商场美陈设计有别于室内外装饰设计，项目调研的侧重点也不同。商场美陈的项目调研侧重于特定时间的营销计划，如节日、季节、重大事件等，调查有关营销背景；现场勘查也只限于现场的悬吊、铺贴、摆放等软装效果的考察。而且，由于商场美陈的特点，时间短、更换频繁等局限性，材料要求廉价、质轻、色彩丰富，对材料的调查也要考虑周全。调查的数据和材料要通过表格及文字材料整理出来，作为后期设计的依据。

七、项目实训

（1）调查商场美陈现场，并测量建筑尺寸。

（2）与客户进行洽谈沟通，了解客户设计要求。

（3）调查装饰材料市场，掌握合适的美陈施工材料。

子项目2 商场美陈总括方案设计

一、学习目标

（一）知识目标
（1）熟悉商场美陈方案策划流程。
（2）掌握商场美陈常用装饰方法。
（3）掌握商场美陈常用施工工艺。

（二）能力目标
（1）培养学生资料整合能力。
（2）培养学生方案策划能力。

（三）素质目标
（1）培养学生设计创新能力。
（2）培养学生团队合作能力。

二、项目实施步骤

（一）根据现场测量尺寸绘制原始平面图
根据现场勘测的图纸和尺寸数据，用CAD软件绘制原始平面图，其中商场室内外需要进行美陈装点的部分详细画出，其他部分则简略绘制。

（二）制定初步设计方案
根据前期的项目调查结果和收集的参考资料，确定节日美陈设计的主题，道具类型、样式、材料和色彩，并以此确定相关的施工工艺。

（三）绘制商场美陈设计规划草图
根据初步的设计方案，对商场室内和室外装点美陈设计进行统筹规划，使设计方案能够围绕统一的主题进行，注意不同空间中美陈风格、材料和色彩的统一关系。

三、知识链接

（一）商业美陈的目的
展示企业的综合竞争力与文化魅力，通过合理、有序的现场布置，达到营造现场气氛、优化购物环境、提升品牌形象、吸引顾客消费的作用。通过美陈设计展示美的商品，展现新产品或新观念，使社会大众能够接受或跟上新的潮流，转化观点及告知公众，使其认同或参与，达到销售商品的目的。

（二）商业美陈与视觉营销

1. 视觉营销
视觉营销是为达成营销的目标而将展示技术和视觉呈现技术与对商品营销的相结合，与采购部门共同努力将商品提供给市场，加以展示贩卖的方法。品牌通过将其标志、色彩、图片、橱窗、陈列等等一系列的视觉展现，向顾客传达品牌文化、主打陈品，以达到增进销售、树立品牌形象等目的的高级设计行为。

视觉营销是将商品的政策和战略变成视觉展现。它通过顾客的分析，经过了买入、企划、物流管理、价格设定、促销活动、陈列及销售准备、广告及策划等过程。在这一过程里，首先要从商品企划开始，即研究怎么样把企划的商品向顾客推介的提案，并确定商品展示的战略，即比"把做的东西卖掉"更重要的是"要做卖得出去的东西"。可以说，视觉营销是在企划商品和进货时，提前计划怎样展现给顾客的战略系统。

视觉化商品营销的重要目的之一，是把商品的价值销效果最大化，然后通过品牌之间的差异提升销售利润。

视觉营销理念是市场营销的一个新概念，能够给消费者传递一种独特的购物体验，激发出消费者在购物过程中越来越强烈的购买欲望，进而影响到他们的购买决定。

2. 商业美陈与视觉营销的关系
视觉营销可以说是商业美陈的"升级版"，商业美陈则是视觉营销的一部分。

视觉营销首先要从商品企划开始，即研究怎么样把企划的商品向顾客推介的提案，并确定商品展示的战略。其目的是用创造的商品价值与他人交换来满足他们的欲望，给顾客带来购买欲望和满足感，以创造商品价值视觉表现的营销战略。

商业美陈是把商品的特点、价值和整个展示空间，以视觉展示的方法呈现给顾客。而顾客购买的不仅是商品，还有商品所具有的价值感、满足感和商品品牌的文化，所以通过展示陈列展现商品内在的信息。

商业美陈应该在视觉营销策略的统一下，进行商品陈列与展示设计，如果没有视觉营销的策划，商业美陈设计会变得毫无章法，失去商品营销和宣传的意义。

（三）商业美陈的特点

商业美陈是一门根据市场需求定位而繁衍成综合性很强的学科，集合广告专业、室内专业、环境景观艺术、工业产品设计等综合设计。商业美陈设计人员也应具有较强的创意、策划、组织与协作能力，应熟练掌握系统设计的方法和技能，把握时代及展示专业发展规律，对专业设计所涉及的空间、造型、声光电等方面具备很强的创造和综合表达能力，同时具备现代科学技术和心理学、人机工程学等相关学科知识。

商业美陈具有很鲜明的行业特色。它是以环境和装饰艺术为主体，结合商业建筑、文化特点、商业运营、营销策划及审美需求的综合性项目。其主要目的是以目标顾客为中心，创造出良好的环境氛围，给顾客以良好的消费体验（图3-3）。

（四）商业美陈的意义

商业美陈是一个比较新的专业术语，也是一项非常专业的工作。随着中国经济的快速发展，商业美陈这种崭新的视觉营销模式也在迅速发展。其价值体现在很多方面，最主要的是以目标顾客为中心，创造出良好的环境氛围，给顾客以良好的体验。通过商业美陈，可以增加购物者的实际消费游览体验，增加消费者对商业环境的品牌和形象的认知，让消费者融入其中，从而达到对商业环境的品牌和形象的认同，增加品牌竞争力。

（五）商业美陈的分类

商业美陈根据表现形式及所起作用，主要分为开业美陈、节庆美陈、季节性美陈及日常美陈4种。

1.开业美陈

开业美陈是指商场在开业期间，根据自己的品牌文化及企业特点，打造的美陈作品。开业美陈是商场一项最重要的美陈工作，更是打造公司形象的第一步，也是做视觉营销的最佳时机。开业美陈的规模和气氛，直接代表着一个企业的风范及实力。因此，除了一些特定的开业所需美陈布置，更需要为商场打造一个完整的，能够体现企业文化并且吸引消费者眼球的美陈作品。除此之外，还需要有配合开业大酬宾等营销活动的美陈小品（图3-4）。

图3-3 商业美陈是一种综合性的技术

图3-4 大红颜色的美陈设计体现商场开业的主题

2. 节庆美陈

节庆美陈是指百货商店、购物广场、大卖场等在特定的节日中，利用商业环境原有的商业建筑、文化特点及审美需求等因素，对商业环境进行高品位的美化装饰和陈列展示（图3-5、图3-6）。主要目的是配合商场大型的主题营销及节日促销活动。一般比较大的节日包括：春节、中秋、国庆、圣诞、元旦等。在设计方面要求主题鲜明、清晰明确、快捷即时性较强让顾客一目了然，色彩多以靓丽颜色为主便于吸引顾客的眼球。节日美陈属于告知性宣传美陈，所以布置的位置也多以商场的重要位置和客流集中区域。节日美陈因使用频繁，且营销作用特殊，对商场整体的销售起到举足轻重的辅助作用。比如，北京悠糖生活广场的圣诞美陈（北京千雅陈设设计作品）——华丽衣橱，就是以圣诞节购物party为主题，将女人的衣橱变幻为圣诞树，吸引消费者去寻找自己衣橱里"永远都少了的那么一件"。

图3-6 商场室内元旦美陈设计

3. 季节性美陈

季节性美陈主要以春、夏、秋、冬为基本的界限，利用四季更叠的特点进行的装饰制作项目。它直接体现一个商场的个性、品位和档次，美陈布置的优劣将直接影响到顾客对商场整体的评价。季节美陈装饰中以物喻义的形式比较重要，是美陈装饰中能将各点串联并且统一的重要元素。春天的嫩芽、绿叶、风筝，夏天的风车、水珠，秋天的枫叶、稻穗、水果，冬天的雪花、冰凌、雪娃娃等元素都可以运用到美陈设计当中。如北京朝北大悦城春季美陈作品——蝴蝶街，就是以"春天的使者"——蝴蝶为设计主题，在休息区打造一个蝴蝶的世界。色彩方面，春天为突出活力，多用绿、粉等暖色；夏季为给顾客以清凉感，多用蓝、紫等冷色调；秋天为了制造收获气氛，多以黄、橙等为主色调；冬季需要体现喜庆温暖，喜用红、金等较浓烈的色彩。只有整体统一、具有灵魂并且赏心悦目的季节美陈，才能满足客户购物的快感，从而大大带动应季商品和整场的销售氛围（图3-7、图3-8）。

4. 日常美陈

日常美陈是商场美陈最基础的工作，一般是指商场里的小品、绿植、造型、指示、提示、图案等。主要安置在广场的休息区、电梯等候区、闲置区、办公区等。一些花器座椅之类放在休息区，稍微花点心思点缀，就可以让环境充满艺术氛围。同时，因为日常美陈装饰区

图3-5 西单商场马年春节美陈设计

项目三 商场美陈设计

域的原因，材料也主要以成品装饰物和高档一次性投入的材料为主，这样更灵活，方便多次使用（图3-9、图3-10）。

图3-7 商场春季美陈设计
图3-8 商场夏季美陈设计

图3-9 日常美陈设计（一）

图3-10 日常美陈设计（二）

5. 周年庆典美陈

周年庆典即为商场企业成立周岁庆典，一般而言，它都是逢五、逢十进行的。即在本单位成立五周年、十周年以及它们的倍数的时候进行。周年庆典不只是一个简单的程序化庆典活动，而是一个企业团体已经步上正轨、茁壮成长的表现。商场的周年庆典，还同时启动商业营销活动，如商品促销、优惠、赠送等活动，活跃商场气氛，扩大商场的知名度（图3-11）。

图3-11　商场周年庆典美陈设计

（六）商场美陈分区

商场美陈设计按区域功能由外至内分为：户外街道灯装饰、大型主题场景、户外幕墙亮化、大门装饰、通道走廊装饰、中空装饰、DP点造型、橱窗装饰。商业美陈的布置是在指定的区域，根据季节及节庆日相应的环境打造相应的效果。除了节庆日相关因素，商家的宣传主题及周边环境也是美陈场景布置主题不可忽略的部分。

1. 户外街道灯装饰

户外街道灯装饰是商场周边环境的吸引人流的特色亮点，其不光能起到吸引人流、树立品牌、带动消费，还能为城市美化、提高城市面貌起到积极作用（图3-12）。

图3-12　商场户外街道灯装饰设计

2. 大型主题场景

大型主题场景是具有鲜明特色、带有故事主题性的场景布置。大型主题场景一般是为商家定制打造，往往具有唯一性，是吸引人流，扩展品牌知名度的一种方式。好的主题场景不光产品效果突出，而且能宣传品牌文化，树立品牌认可度（图3-13、图3-14）。

图3-13　圣诞节主题性美陈设计

图3-14　春季主题性美陈设计

3. 橱窗展示

橱窗展示艺术是现代商业环境中常用的展示方法，也是一个商业空间中最经典、最耀眼的展示之地，也是商家和设计师最为关注的工作重点。

橱窗作为商业空间的展示形式，具有独特的空间陈列方式和可根据需求和内容变化的特点。好的橱窗陈列可根据品牌宣传需要随季节及宣传推广重点变化而变化，从而提升品牌整体形象及文化理念，引起消费者的认同。在商业橱窗场景布置中，可根据品牌自身文化理念和消费对象精心布置（图3-15）。

图 3-15　橱窗展示美陈设计

图 3-16　中庭吊饰美陈设计

4. 中庭吊饰

商场中庭是能给人极大立体感受的空间，它是一个非正式的交流场所，具有良好的可进入性，即能让人驻足停留，又能在其中自由地漫步，是一个可以轻松空流的空间。因此，中庭的设计要给人舒适的感觉。空间布局的整齐，线条的流畅。都能增强空间的舒适感。中庭的空间位置要求其设计要特别注重采光和通风。良好的采光和通风设计可以让空间通透、明亮；中庭的色调不宜太深，淡的色调便能给空间剔透、灵巧的感觉；中庭的设计要与整个商场的整体格调相协调、统一，共同营造出舒适的氛围，让享受闲适生活的人们在每一处都能得到身心的舒适感受（图 3-16）。

图 3-17　商场室内景观小品（一）

5. 室内景观小品

室内景观小品常常陈设于较大的室内空间，特别是购物中心室内空间中。室内景观小品在室内空间环境中既有精神意识方面和审美方面的意义，又具有室内空间组织划分的功能性作用（图 3-17、图 3-18）。

6. DP 点造型

DP 点即商业美陈点，是商品特征的展示区域。如果说商场内部的楼层导视牌是从字面的含义介绍商场内部的商品分区，那么 DP 点的设置则是更加直观具象，并且结合商场风格展现商品特色和楼层内容，从而更好地引导消费者，刺激消费者的消费欲望。

图 3-18　商场室内景观小品（二）

DP 点位规划要根据商场内部的动线规划及商品计划进行设计，需要具有计划性、科学性及灵活性。DP 点主要设置在人流集中的公共交叉区域或空白区域，消费者视线易抵达且不阻挡人流的区域，一般的 DP 点主要设置在以下几个区域：①主动线、主客流线交叉口；②通道入口；③扶梯口、楼梯口。

DP点展示方式一般采用吊挂式（从顶部悬挂造型）、地面式（DP点造型摆放在地面上，普遍采用的方式）、壁面式（以墙面为背景，浮雕或半立体的方式）、展示式（海报、X展架、宣传架）4种方式，每种展示方式对于建筑的要求不同。在布置时，需要根据商场的经营模式、表现目的和建筑数据等具体条件来展开分析（图3-19、图3-20）。

（七）美陈设计要点

1. 设计风格

整体风格的创意在商场很重要，视觉上给人震撼和层次感，渲染着整个商场效果，体现商场的文化及变化性。根据商场风格的特性（如时尚、古典、现代、简洁、庄重、活泼、高雅等）与商业需求，量身设计高品位、高艺术、故事性强的美陈，还必须在突出设计主题的同时考虑商场环境与设计风格。只有形成风格的统一感与空间搭配的和谐感，设计才能真正做到锦上添花。

2. 主题的突出

突出主题很重要，首先我们要先了解商场的历史及商场的特点。另外，每个节日也有不同的特点，例如圣诞节是国外的节日，不一定要刻意令其本土化，而是注重将圣诞的气氛带到本地来，令这一节日的氛围吸引人。设计内容要明确设计主题，首先得构思整个设计的框架结构，这样有利于美陈师把握设计方向，准确有效地传达设计理念、突出设计重点，在设计过程中运用中心思想充分吸眼球。我们还可以根据商场空间位置大小，在设计过程中，利用一些小的装饰或者灯光点缀，起到深化主题、美观环境、突出重点等多重作用。

3. 材质

设计材质应遵守以下几个原则。

（1）根据商场的定位及预算，合理运用设计材料，控制成本。

（2）符合空间比例与尺度，满足实际原则。

（3）满足人的需要，充分考虑商场的习惯。

（4）空间的考虑，工艺需和材质、主题相结合。

4. 考虑设计的互动性、易拆等特性

美陈设计不同于其他设计，它是商业营销手段的一种。在美陈设计中需要充分考虑人与设计的互动性，才能最大程度地吸引人流量与客流量。在工程制作中还要考虑美陈装饰的易拆和安全特性。商场会根据季节、节日的不同来营造购物氛围，随着季节节日的更迭变动，美陈装饰也随之变动，假如美陈设计难以拆卸或者安全系数低，将给商场和公司带来很大损失。所以美陈师对设计、工艺、制作、安装都需要深入考虑，才能设计出好的作品。

图3-19 DP点造型设计

图3-20 熊猫主题的DP点造型设计

项目三　商场美陈设计

四、项目检查表

项目检查表

实践项目		商场美陈设计项目		
子项目	商场美陈总括方案设计		工作任务	商场美陈规划设计
检查学时			0.5学时	
序号	检查项目	检查标准	组内互查	教师检查
1	现场尺寸复原图（CAD原始平面图）	是否详细、准确		
2	设计资料收集	是否齐全		
3	平面规划草图	是否合理		
4	设计构思	是否具有创意性、可实施性		
检查评价	班级		第　　组	组长签字
	小组成员签字			
	评语：			
	教师签字		日　期	

五、项目评价表

项目评价表

实践项目		商场美陈设计项目				
子项目	商场美陈总括方案设计		工作任务	商场美陈规划设计		
评价学时			1学时			
考核项目	考核内容及要求	分值	学生自评（10%）	小组评分（20%）	教师评分（70%）	实得分
设计方案	商场美陈方案合理性、创新性、完整性	50				
方案表达	商场美陈设计理念表达	15				
完成时间	3课时时间内完成，每超时5min扣1分	15				
小组合作	能够独立完成任务得满分	20				
	在组内成员帮助下完成得15分					
总分		100				
项目评价	班级		姓名		学号	
	第　　组	组长签字				
	评语：					
	教师签字		日　期			

六、项目总结

商场美陈的总括方案设计首先是根据调查结果，制定总体的美陈设计方案。由于商场空间比较大，美陈设计需要分成几个部分。在小组分工中，组长有必要将整个商场美陈设计任务分成若干部分，指派小组成员专人负责。在任务实施过程中，组长还必须组织小组成员，将每个人的创意合成一个总的方案，作为下一步具体设计的标准。这个阶段，要确定商场美陈的区域、主题、主要色彩、材料等，为进一步设计打好基础。

七、项目实训

（1）用CAD软件复原现场，测量建筑空间尺寸。
（2）进行商场美陈设计规划。
（3）商场美陈设计方案策划。

八、参考资料

（一）图书资料

（1）宋寿剑，赵幸辉.展示空间设计.北京：中国建材工业出版社，2012.

（2）蔡强，朱晓明，孙刚.商业建筑装修实用技术.上海：同济大学出版社，1994.

（3）张绮曼，郑曙旸，室内设计资料集.北京：中国建筑工业出版社，1991.

（4）高祥生，韩巍，过伟敏.室内设计师手册.北京：中国建筑工业出版社，2001.

（二）网络资料

（1）中国商业展示网 http：//www.zhongguosyzs.com/channel/15263287。

（2）中国美陈网 http：//www.mcwzg.com/。

（3）上海美陈网 http：//www.meichensh.com/。

子项目3　商场中庭美陈设计

一、学习目标

（一）知识目标
（1）掌握商场中庭美陈设计方法。
（2）掌握商场中庭美陈施工图绘制方法。
（3）掌握商场中庭美陈效果图表现方法。

（二）能力目标
（1）培养学生设计快速表现能力。
（2）培养学生电脑施工图绘制能力。
（3）培养学术电脑效果图绘制能力。

（三）素质目标
（1）培养学生设计创新能力。
（2）培养学生团队合作能力。
（3）培养学生自主学习能力。

二、项目实施步骤

（一）方案草图绘制
根据商场美陈总括设计方案的构想，统一整个团队的思路，将商场中庭的美陈设计方案用快速表现的方式绘制出来，并作为电脑施工图和电脑效果图制作的依据。

（二）电脑施工图绘制
依照现场的原始图及设计方案草图，绘制商场中庭美陈的平面布置图、立面图、详图、施工节点图等。

（三）电脑效果图绘制
用3ds Max制作中庭美陈设计方案的电脑效果图。

三、知识链接

（一）商场中庭简述

1. 中庭的概念
中庭通常是指建筑内部的庭院空间，其最大的特点是形成具有位于建筑内部的"室外空间"，是建筑设计中营造一种与外部空间既隔离又融合的特有形式，或者说是建筑内部环境分享外部自然环境的一种方式。

中庭作为建筑物体内部带有玻璃顶盖的多层内院，多设置垂直交通工具而成为整个建筑的交通枢纽空间。不同方向的人流在这里交汇、集散。同时，这里也是人们憩息、观赏和交往行为的场所，使中庭形成一个多元化的活动空间。因而中庭不同于一般的室内空间，在尺度、形状、内容等方面也完全改变了传统的室内空间观念。

商业环境中的中庭，是商业环境中非营业性的开放空间。因为它具备舒适的休闲环境，结合了游乐活动、文娱设施、文化展示，而成为城市中欢乐愉悦的场所，也是市民休闲生活的重要场所，有"城市大起居室"之称。它为人们提供了休息、交往、观光会晤的空间，同时，将人流高效地组织到交通中去。这种室内开放空间具有解决交通集散、综合多种功能、组织环境景观、完善公共设施、提供信息交换的作用。沟通了与消费者的促销渠道，随时随地向人们发出商业的信息与动态，对于提高购物活动的效率以及开发商业价值具有重要意义（图3-21、图3-22）。

2. 中庭的历史
中庭可以追溯到两千年前的古代庭院。中庭是指建筑物之内或之间的有顶的多层空间，以用作为到达与流通的集中点。中庭最先见于古罗马时代，由建筑物围起一个院子，有时也采用柱廊式墙体围合，作为公共活动空间。随着建筑技术的发展，人们在露天的中庭加上有玻璃的顶盖，成为室内型公共空间。中国的古建筑民居中四合院采用天井采光，又能够达到通风的目的，天井的尺度与功能和中庭十分相似（图3-23、图3-24）。

3. 商场中庭的作用
中庭是大型商场的公众活动空间。它对于活跃空间气氛、组织和丰富空间层次、调节空气流通、提升整个商场的空间质量和档次，无疑具有非常积极的意义。中庭的作用有如下5点。

（1）丰富空间层次，强化商业气氛。通过中庭可以浏览商场的各种广告牌、来往的人流，整个商场尽收眼底，视觉上变得轻松和休闲。通过中庭的空间层次、大幅的广告以及川流的人群使视线流动起来，丰富商业的气氛。

图3-21 商场中庭（一）

图3-23 中国传统民居中的天井

图3-22 商场中庭（二）

图3-24 乡村宗祠建筑中由建筑围合的院落

（2）形成交通枢纽，组织空间秩序。大型商场一般都会围绕中庭组织横、竖向交通，人流在这里交汇。如日本横滨皇后广场从地下3层到底商4层的巨大中庭空间中心地带，其周围除了布置专卖店外，地下4~5层还预留了横穿城市的该街区的地铁站，从途中可以看到巨大的扶梯，还有新型的观光电梯。

（3）强调生态绿化倾向，形成舒适空间。生态、绿化主题越来越多的运用在大型商业空间之中，植物、花卉、小桥流水等优美景观被引入商场的中庭，给消费者一种亲切和回归自然的感觉，让购物者流连忘返。

（4）宣传企业品牌，美化商场形象。中庭属于公共空间，不属于任一租户，因而可依购物中心开发者的需求做完整而不受干扰的规划，可以有效而强烈经营购物中心整体的企业形象，塑造商场的整体形象。

（5）组织多种活动，增加休闲空间。在目前的大型商场建筑和装饰设计中，不论是中庭还是前庭，都被尽量用作消费者的休闲广场，同时也是向市民展示业主爱心、展示商业企业文化的良好舞台，形成商场的"广场文化"。面对市场变化，商家们也开始注重以人为本、吸收文化养分、提高企业内涵、美化企业形象，以此来营造一个雅俗共赏、老少皆宜、文明经商的文化氛围。

4. 商场中庭的形式

（1）内院式中庭。这是最常见、最典型的一种中庭形式，是大型商业建筑内部宽大的直通屋顶的"内院"，各层营业厅向中庭开敞，顶部通常为大面积的采光顶，通过扶梯式观赏电梯作为垂直交通，从而使中庭形成交通枢纽（图3-25、图3-26）。

（2）建筑间相联系的中庭。这种中庭形式往往存在于两段或几段建筑实体之间，以高架的玻璃采光顶和围护结构将建筑空间联系起来，为人们提供一个最佳的气候环境。空间相当高大通透，使人有种身处室外的感觉，中庭内的巨大空间为设计师的创作提供了广阔的舞台，形成人们游憩、娱乐、餐玩、交谈等活动的中心场所，也为演艺、集会、展示等商业活动的加入提供了空间（图3-27）。

图3-25 内院式商场中庭（一）

图3-26 内院式商场中庭（二）

（3）沿街中庭。如果在设计中有意识地把公共空间置于购物中心一侧，形成沿街中庭，并以大面积的玻璃窗向外展示，非常有利于提高内部空间的开放性（图3-28）。这种中庭向各层开放的走廊，有的设计得叠错有致，形成一个生机盎然的温室花园。由于采光极好，又亲近室外，绿化、流水、山石常常是中庭置景的主角，甚至可以引进大自然的景色，使人置身中庭犹如处在大自然的湖畔山川之间。

图3-27 两个建筑之间的带型中庭

图3-28 沿街中庭

（4）建筑顶部的采光顶中庭。当建筑要追求尽量大的使用面积时，中庭就上升到建筑的顶部一层或几层作为一片相对独立的休息和接受阳光的空中花园。相当于空中商业街的交汇广场，消除了高层与地面的隔绝感。这种中庭虽然没有宏大的气势和壮观的商业色彩，但仍给人一种空间开朗、阳光融融的愉悦感（图3-29）。

图3-29 建筑顶部的采光顶中庭

（5）线状中庭。线状中庭的特色在于创造一种给人以深邃的纵深感的空间并诱发人产生走向尽端的心理。通过色彩纷呈的广告、店面，独具特色的采光顶棚处理，营造出丰富、繁华的商业气氛，形成一种立体化商业街式的中庭（图3-30）。

以上几种中庭在空间上各具特色，在使用功能与视觉效果上也是各有利弊。在大型商业建筑中，一个中庭往往兼具上述的几种空间特色，很难将它们严格区分，它们在商业建筑中以全天候的条件、千变万化的空间形象以及巨大的玻璃顶棚将建筑空间变成富有休闲情调的购物世界。

（二）商场中庭美陈设计

1. 商场中庭美陈的作用

商场中庭是商场建筑中的公共空间、交通分流空间及非营业空间，对顾客的分流、休闲、休息具有重要作用。但由于商场中庭面积都比较大，比较空旷，容易缺乏人气。商场中庭的美陈设计能够很好地弥补中庭建筑

项目三　商场美陈设计

图 3-30　线状中庭

本身的缺陷，起到商业宣传、美化环境的作用。

（1）视觉焦点。随着商场的日益繁荣，商场在硬件上竞争的充分性，使得商场越来越重视中庭环境的软营造上。通过对商场美陈的出色设计，可以直观的为顾客留下全新的视觉感受，加深顾客对商场的记忆力和品牌认同度。

（2）文化感召力。中庭美陈设计的出现，从最早的纯美主义，已经向美感和内涵同时注重的时代过渡。通过富有文化内涵，能够让消费者产生情感共鸣的美陈设计，使得顾客更好地认知品牌的内涵，更深度地认同品牌的魅力，这种文化感召力是美陈设计最优价值的功能。

（3）导示辅助性。商场中庭本身具备导示性，而商场中的美陈装饰物更容易让消费者在各个楼层中识别中庭的方位，进而对明确商场的布局和自己的行进方向有着更好更快的认知。

2.商场中庭美陈的种类

（1）中庭吊饰。商场中庭一般都比较高，有的中庭高度能直达建筑的顶端。另外，中庭又是一个共享空间，商场营业区域的每一层都能够面向中庭，人们在商场建筑的每一层都能看到中庭，中庭的美陈设计需要考虑的范围，除了在底层看到的效果外，就是中庭所涵盖的每一层看到的效果。因此，在这样的高度及共享的情况下，中庭的美陈装饰往往使用吊挂的方式。这样，中庭的美陈装饰不再是平面，而是需要做成三维立体的效果，满足商场每一层顾客观赏的需要。

中庭吊饰就起到这样的作用。首先，中庭吊饰从商场的顶层悬挂下来，每一层都能看到吊饰的装饰效果，装饰物在空中错落地垂下来，空间的立体感很强；其次，中庭吊饰具有很强的适用范围，无论是节日庆典、打折促销还是日常美陈，中庭吊饰都是装饰的主角。在一些只有一个中庭的商场，中庭吊饰往往会成为整个商场的装饰重点和视觉焦点（图3-31、图3-32）。

图 3-31　中庭吊饰（一）

图3-32 中庭吊饰（二）

（2）地面小品。商场中庭是人流交汇的场所，也是视觉的中心。中庭的地面装饰小品也具有视觉中心的作用，独立性很强，而且在体量上、色彩上进行突出，和中庭广阔的空间相适应。地面小品可以是与节日庆典相关的装饰物品，如圣诞节布满彩灯和礼物的圣诞树；也可以是商品的陈列展示，如服装服饰商品陈列；还有一些是供顾客休憩的小品（图3-33、图3-34、图3-35）。

（3）植物景观。植物是商场美陈设计的一个重要元素，植物的作用除了用于改善商场空间的小气候、调节顾客的心理和生理外，还能够在室内环境组景、分隔空间、导引路线等。

在商场中庭美陈设计中，植物景观也是以视觉中心为主，特别是比较开阔的中庭，使用高大的植物更能体现空间的体量感（图3-36）。

图3-33 商场中庭的节日城堡

图3-34 商场中庭的服装展示

图3-35 商场中庭的休憩小品

图 3-36 中庭植物景观

装饰效果。

7）耐燃性。不自燃但属于易燃品，不具备自熄性（图 3-37）。

图 3-37 亚克力板

（三）商场中庭美陈材料特性

1. 美陈材料特性

（1）亚克力。化学名称为聚甲基丙烯酸甲酯。源自英文 Organic Glass，意指由有机化合物 MMA 所制成之 PMMA 板，其透明与透光度如同玻璃一般。亚克力是一种开发较早的重要热塑性塑料，具有较好的透明性、化学稳定性和耐候性，易染色、易加工、外观优美，在建筑业、家具制品、卫生洁具中有着广泛的应用。其特性有如下几点。

1）具有水晶般的透明度，透光率在 92% 以上，光线柔和、视觉清晰，用染料着色的亚克力又有很好的展色效果。

2）亚克力板具有极佳的耐候性、较高的表面硬度和表面光泽以及较好的高温性能。

3）亚克力板有良好的加工性能，既可采用热成型，也可以用机械加工的方式。

4）透明亚克力板材具有可与玻璃比拟的透光率，但密度只有玻璃的一半。此外，它不像玻璃那么易碎，即使破损，也不会像玻璃那样形成锋利的碎片。

5）亚克力板的耐磨性于铝材接近，稳定性好，耐多种化学品腐蚀。

6）亚克力板具有良好的适应性和喷涂性，采用适当的印刷和喷涂工艺，可以赋予亚克力制品理想的表面

（2）KT 板。KT 板是一种由 PS 颗粒经过发泡生成板芯，经过表面覆膜压合而成的新型材料。板体挺括、轻盈、不易变质、易于加工，并可直接在板上丝网印刷（丝印版）、油漆（需要检测油漆适应性）、裱覆背胶画面及喷绘。广泛用于广告展示促销、建筑装饰、文化艺术及包装等方面。在广告方面的用途一是用于产品宣传信息发布的展览、展示及通告用装裱衬板；另外就是被大量应用于丝网印刷，特别适合用于大范围统一宣传活动（图 3-38）。

图 3-38 KT 板

图 3-39　商场仿真花球（一）

（3）仿真花球。仿真花球是商场中庭常用的美陈装饰材料，可以用于季节性美陈和日常性美陈。

仿真花球的原料主要有塑料制品、丝绸制品、涤纶制品，也有用树脂黏土材料，还会用到金属棒、玻璃管、吹塑纸、纤维丝、装饰纸、彩带等。由于所用材料的弹性较大，可以配合特殊高度、形状的模型，可以突破真品的限制，保持常绿常新（图 3-39、图 3-40）。

图 3-40　商场仿真花球（二）

四、项目检查表

项目检查表				
实践项目	商场美陈设计项目			
子项目	商场中庭美陈设计	工作任务	商场中庭美陈方案草图、施工图、电脑效果图	
检查学时	0.5 学时			
序号	检查项目	检查标准	组内互查	教师检查
1	商场中庭美陈手绘方案草图	方案创意性、手绘准确性		
2	商场中庭美陈电脑施工图	尺寸是否准确、是否符合制图规范、工艺是否准确		
3	商场中庭美陈电脑效果图	空间表现效果、方案创意		
检查评价	班级		第　　组	组长签字
	小组成员签字			
	评语：			
	教师签字		日　　期	

五、项目评价表

项目评价表						
实践项目		商场美陈设计项目				
子项目		商场中庭美陈设计		工作任务	商场中庭美陈方案草图、施工图、电脑效果图	
评价学时				1学时		
考核项目	考核内容及要求		分值	学生自评（10%）	小组评分（20%）	教师评分（70%）	实得分
设计方案	商场中庭美陈方案合理性、创新性、完整性		50				
方案表达	商场中庭美陈设计理念表达		15				
完成时间	3课时时间内完成，每超时5min扣1分		15				
小组合作	能够独立完成任务得满分		20				
	在组内成员帮助下完成得15分						
	总分		100				
项目评价	班　级			姓　名		学　号	
	第　组		组长签字				
	评语：						
	教师签字			日　期			

六、项目总结

商场中庭美陈设计项目是商场美陈设计中最重要的环节，关系到整个商场美陈设计的重心，可以说整个商场的美陈设计是围绕中庭进行的。好的中庭美陈设计会起到画龙点睛的作用，对于商场的节日庆典、季节促销等营销活动的顺利开展功不可没。在本次项目设计中，首先要确定商场美陈设计的主题，围绕主题制定美陈设计的造型、色彩、材料，同时还要结合商场中庭的建筑结构，考虑相关的安装、悬吊工艺。

七、项目实训

（1）手绘商场中庭美陈设计方案透视草图、平面布置图和立面图。

（2）用CAD绘制美陈设计施工图，包括平面布置图、天棚平面图、墙立面图、道具详图、节点图。

（3）用3ds Max和VRay制作美陈设计方案的电脑效果图。

八、参考资料

（一）图书资料

（1）肖然，周小文.世界室内设计：商业空间.南京：江苏人民出版社，2011.

（2）周长亮，李远.商业空间设计.北京：中国电力出版社，2014.

（3）张绮曼，郑曙旸.室内设计资料集.北京：中国建筑工业出版社，1991.

（4）高祥生，韩巍，过伟敏.室内设计师手册.北京：中国建筑工业出版社，2001.

（二）网络资料

（1）中国商业展示网 http：//www.zhongguosyzs.com/channel/15263287。

（2）中国美陈网 http：//www.mcwzg.com/。

（3）上海美陈网 http：//www.meichensh.com/。

子项目4 商场店面美陈设计

一、学习目标

(一)知识目标
(1)掌握商场店面美陈设计方法。
(2)掌握商场店面美陈设计施工图绘制方法。
(3)掌握商场店面美陈设计效果图表现方法。

(二)能力目标
(1)培养学生店面美陈设计分析能力。
(2)培养学生店面美陈方案设计表现能力。
(3)培养学生店面美陈设计电脑施工图绘制能力。
(4)培养学生店面美陈设计电脑效果图绘制能力。

(三)素质目标
(1)培养学生设计创新能力。
(2)培养学生团队合作能力。
(3)培养学生自主设计能力。

二、项目实施步骤

(一)方案草图绘制
根据商场美陈设计的总体规划,进行店面美陈设计,用手绘方案草图表现店面美陈设计的构思,与商场中庭美陈设计相协调。

(二)电脑施工图绘制
根据店面美陈设计方案草图,绘制美陈设计平面布置图、立面图及节点详图。

(三)电脑效果图绘制
按照方案草图的构思,用3ds Max软件制作店面美陈设计方案的效果图。

三、知识链接

(一)商场店面美陈的涵义
商场的店面美陈设计是针对商场的营销活动所进行的商场店面及门口广场的美化装饰及陈列展示。

商场的店面美陈设计也是根据商场的节日庆典、应季促销、消费活动等营销策划所进行的。相对于商场室内的美陈设计,店面美陈设计主要是起到对外宣传的作用,通过对店面及门口广场的艺术设计,吸引顾客进入商场,从而促进消费。

好的店面美陈设计可以提升店面形象,提高顾客入店率,产品销量也会随之上升。不同的店面美陈设计会吸引不同的顾客群,即不同的顾客群会喜欢不同的店面形象。在所处的商圈中,有效、适合的店面美陈设计,是能够吸引主要顾客群入店的法宝之一。店面美陈设计定位准确,顾客才能主动入店,才能在店里消费。

(二)商场店面美陈的种类

1.商场门头美陈
商场门头美陈主要是针对商场主要的出入口处进行美陈装饰,它的主要目的是通过美陈设计向外界的受众传达特定的营销信息,吸引消费者进入商场。

(1)店面美陈设计的选址。一般来说,大型商场能有数个出入口,但出入口的性质不一样,有些出入口是顾客出入,而有的仅供商场员工出入。就顾客出入口来说,有的出入口面临繁华的街道,比较明显;有的出入口比较偏僻,很少有人走。这样,在进行店面美陈方案策划的时候,首先需要判定商场的哪些出入口是主要的,因为并非所有的出入口都需要进行美陈装饰,只有在比较明显的出入口进行美陈设计,才能吸引顾客,达到良好的营销效果。

(2)商场门头美陈造型的分类。商场门头的美陈造型可以说是千变万化,但归根结底,一般分为平面和立体两种。

1)商场门头的平面造型。平面美陈造型一般是KT版为基层,外贴彩喷打印不干胶覆膜,从外观看基本是平面的。这种方式费用比较低,能够将简单的信息传达给顾客,但对顾客的吸引度较差。一般用于超市、小型商场等大众性消费的地方,顾客能够直接了解到商场的销售信息(图3-41、图3-42)。

项目三 商场美陈设计

图3-41 圣诞节店面平面美陈设计

图3-42 夏季店面平面美陈设计

图3-43 店面马年新年立体美陈

图3-44 店面海马造型立体美陈

2）商场门头的立体造型。商场门头的立体造型美陈设计种类比较多，不仅仅用来传递营销信息，也用来渲染气氛。立体造型的店面美陈体量比较大，一般用于大型商场的节日庆典、季节促销等活动（图3-43、图3-44）。

2. 商场入口广场美陈

在大型商场的入口处，往往会有一个广场，这个广场平时用于人们休闲、休息的场所，在商场举行营销活动时，广场也是一个良好的美陈平台。

（1）拱门。拱门有两种，一种是常用的充气彩虹门，一种是用钢架制作的拱门。

充气拱门具有方便、快捷、经济等优点。目前，开业庆典及各类博览会、展销会等活动的首选户外广告媒体。充气拱门费用低廉，可重复使用，搭建快捷，能够很好地烘托气氛。但需要风机不间断充气，用绳索固定，地面线路比较凌乱，而且在大风天气不宜使用（图3-45）。

图3-45 充气拱门

钢架拱门是用展示用钢架搭建起来的，钢架属于成品，通过拼装组合，搭建成拱门的骨架，外面覆上装饰板、装饰灯具。钢架拱门比较牢固，拼装也比较快捷，但除钢架外其他装饰物不可重复使用，且安装成本较高（图3-46）。

图3-46 商场周年庆装饰拱门

（2）雕塑。商业广场上使用雕塑也是常用的美陈设计手法，雕塑一般是固定的，长期放置，不仅用于观赏，更多是用来烘托商场的气氛，宣示商场主题。

商业广场雕塑要体现公共性、公益性、文化性、地域性、特色性、独有性；所用材料要具有耐久性，例如玻璃钢、不锈钢、铝合金等；相对尺寸较高，但也要和周围环境相协调，例如造型色彩等方面都要与环境呼应（图3-47）。

（3）临时造景。商业广场的临时造景主要是根据当时的节日或促销活动进行的，如圣诞节、元旦、春节等，商家会在广场上布置相应的美陈造景，用于汇聚人气，增添热闹气氛。临时造景存在的时间比较短，节日一过就要拆除，所用材料以快速拼装材料为主（图3-48、图3-49）。

图3-47 商业广场的棒棒糖树雕塑

图3-48 北京西单商场的春节美陈造景

图3-49 商场马年春节美陈造景

四、项目检查表

项目检查表				
实践项目		商场美陈设计项目		
子项目	商场店面美陈设计	工作任务		商场店面美陈设计方案草图、施工图、电脑效果图
检查学时			0.5学时	
序号	检查项目	检查标准	组内互查	教师检查
1	商场店面美陈手绘方案草图	方案创意性、手绘准确性		
2	商场店面美陈电脑施工图	尺寸是否准确、是否符合制图规范、工艺是否准确		
3	商场店面美陈电脑效果图	空间表现效果、方案创意		
检查评价	班 级		第 组	组长签字
	小组成员签字			
	评语：			
	教师签字		日 期	

五、项目评价表

项目评价表						
实践项目		商场美陈设计项目				
子项目	商场店面美陈设计		工作任务		商场店面美陈设计方案草图、施工图、电脑效果图	
评价学时			1学时			
考核项目	考核内容及要求	分值	学生自评（10%）	小组评分（20%）	教师评分（70%）	实得分
设计方案	商场店面美陈设计方案合理性、创新性、完整性	50				
方案表达	商场店面美陈设计理念表达	15				
完成时间	3课时时间内完成，每超时5min扣1分	15				
小组合作	能够独立完成任务得满分	20				
	在组内成员帮助下完成得15分					
	总分	100				
项目评价	班 级		姓 名		学 号	
	第 组	组长签字				
	评语：					
	教师签字		日 期			

六、项目总结

商场店面美陈设计是整个商场美陈设计的重要组成部分，它是商场营销活动与外界联系的媒介。消费者一般是通过商场的店面美陈装饰来了解商场的营销活动，进而激发消费兴趣，进入店内消费。店面美陈装饰在方案策划中需要考虑与店内美陈的统一性及经济成本，特别是对于临时性的美陈装饰来说更是如此。同时，美陈装饰的实效性和新鲜感也很重要，需要在短期内快速达到营销效果，信息的有效传递成为美陈设计的主要方面。

七、项目实训

（1）手绘商场店面美陈设计方案透视草图、平面布置图和立面图。

（2）用CAD绘制店面美陈设计施工图，包括平面布置图、天棚平面图、墙立面图、道具详图、节点图。

（3）用3ds Max和VRay制作店面美陈设计方案的电脑效果图。

八、参考资料

（一）图书资料

（1）肖然，周小文. 世界室内设计：商业空间. 南京：江苏人民出版社，2011.

（2）文健，周可亮. 室内软装饰设计教程. 北京：北京交通大学出版社，2011.

（3）张绮曼，郑曙旸. 室内设计资料集. 北京：中国建筑工业出版社，1991.

（4）张耀引. 店面设计. 北京：中国电力出版社，2013.

（二）网络资料

（1）中国商业展示网 http：//www.zhongguosyzs.com/channel/15263287。

（2）中国美陈网 http：//www.mcwzg.com/。

（3）上海美陈网 http：//www.meichensh.com/。

商业空间设计项目案例

案例1 哈尔滨香坊万达商场美陈设计

一、商场背景

哈尔滨香坊万达广场隶属于大连万达集团,是按照新型购物中心(Shopping Mall)模式兴建的国际化商业要素和生活要素为一体的第三代城市综合体。

广场整体位置位于香坊区与开发区交界处,毗邻哈尔滨知名景观龙塔和开发区高尔夫球场,广场总占地面积8.4万 m^2,总建筑面积30万 m^2,其中酒店和商业占地20万 m^2。广场汇集了万达国际影城、万千百货、大歌星量贩KTV、神采飞扬电玩城、国美电器、大润发超市、索菲特大酒店7大主力店及上下3层的精品步行街。

二、哈尔滨香坊万达商场新年美陈设计

项目名称:哈尔滨香坊万达商场新年美陈设计(图4-1~图4-12)

设计施工单位:哈尔滨博伊尚艺装饰工程有限公司

施工时间:2008年

图4-1 商场中庭恐龙展

商业空间设计

图4-2 商场中庭吊饰

图4-3 商场中庭吊饰

图4-4 商场过厅装饰

图4-5 商场中庭二层装饰

商业空间设计项目案例

图 4-6　商场观光电梯装饰

图 4-7　商场电梯厅装饰

图 4-8 商场窗口灯笼装饰

图 4-9 商场圆柱装饰

图 4-10 商场方柱装饰

商业空间设计项目案例

图4-11 商场店面装饰图

图4-12 商场圣诞树装饰

三、哈尔滨香坊万达商场夏季美陈设计

项目名称：哈尔滨香坊万达商场夏季美陈设计（图4-13~图4-17）

设计施工单位：哈尔滨博伊尚艺装饰工程有限公司

施工时间：2008年

图4-13 商场中庭葵花装饰造型

图4-14 商场入口处蜜蜂装饰造型

图 4-15　走廊天花板蜜蜂装饰造型

图 4-16　蜜蜂与葵花装饰造型

图 4-17　天棚处蜜蜂与葵花造型细节

案例 2　哈尔滨秋林公司圣诞节美陈设计

一、商场背景

哈尔滨秋林集团股份有限公司是一个历史悠久、驰名中外的老字号企业，创建于 1900 年，先后由沙俄资本家、英国汇丰银行、日本商人和前苏联政府经营，1953 年 10 月有偿移交我国。秋林接手经营后，为适应市场经济需求，满足人民生活，先后进行了 4 次扩建改造，现已发展成为一个以商业为主的集团化、现代化大型商业零售企业，是黑龙江省唯一一家商业上市公司。

秋林集团地处哈市繁华商业中心，拥有秋林公司（老楼）和秋林时代购物广场两大商场，总经营面积 8 万 m^2，隶属公司有秋林食品厂、秋林糖果厂、秋林服装股份有限公司、经济贸易公司、广告公司等。

二、哈尔滨秋林公司圣诞节美陈设计

项目名称：哈尔滨秋林公司圣诞节美陈设计（图 4-18 ~ 图 4-23）

设计施工单位：哈尔滨职业技术学院学生创业工作室

施工时间：2012 年

（本项目由哈尔滨职业技术学院学生创业工作室蒋春哲、徐欣欣等提供）

图 4-18　秋林公司店面装饰

图 4-19　秋林公司店面装饰远景

图4-20 秋林公司店面装饰施工现场（一）

图4-21 秋林公司店面装饰施工现场（二）

图4-22 秋林公司店面装饰效果图（日景）

图4-23 秋林公司店面装饰效果图（夜景）

学生实训项目评价表

姓名		班级		小组		指导教师				
	项目名称				课 时					
	评价分类		内　容				自我评价	组长评价	同学评价	教师评价
项目实践评价	1.情感态度		（1）积极、认真参与活动							
			（2）对分配给自己的任务负责任							
			（3）主动提出设想、建议							
	2.合作交流		（1）能主动发表我的见解							
			（2）能让大家听明白我的意思							
			（3）主动和同学配合，乐于帮助同学							
			（4）能认真倾听同学意见，尊重别人							
	3.学习技能		（1）会用多种方法搜索、处理信息							
			（2）善于自主学习，取长补短							
			（3）实践方法、方式多样							
	4.实践活动		（1）积极动脑、动手、动口参与							
			（2）注重培养自己的探究、口语表达等综合能力							
			（3）会与别人交往、交流							
	5.成果展示		（1）成果表现有新意							
			（2）制图符合装饰制图规范要求							
			（3）成果符合项目设计要求							
	6.个性化发展		（1）在设计创意方面有提高							
			（2）在电脑绘图技能上有提高							
			（3）在专业理论学习上有提高							
			（4）在工作方法上有提高							
	合计									
	平均成绩									

评价问卷	1. 你是否一直对参与的主题活动感兴趣	
	2. 你是否参加过活动主题的选择	
	3. 你收集信息、资料的途径有哪些	
	4. 你在活动中遇到的最大问题是什么	
	5. 本次活动中你最感兴趣的是什么	
	6. 你对活动成果是否满意	
	7. 本次活动中，你发现了什么	
	8. 活动中，你最大的收获是什么	
	9. 小组成员合作是否愉快	
	10. 你们在活动中遇到哪些困难或问题	
	11. 你们是怎样合作克服困难的	
	12. 你们认为下次活动还应从哪些方面加以改进	

注　项目实践评价评分标准为：A（5分）、B（4分）、C（3分）、D（2分）、E（1分）。

附录 《商店建筑设计规范》（JGJ 48—2014）（节选）

第1章 总 则

第1.0.1条 为保证商店建筑设计符合适用、安全、卫生等基本要求，特制定本规范。

第1.0.2条 本规范适用于全国城镇及工矿区新建、扩建和改建的商店建筑（含综合性建筑的商店部分）。

第1.0.3条 商店建筑设计应符合城市规划和环境保护的要求，并应合理地组织交通路线，方便群众和体现对残疾人员的关怀。

第1.0.4条 商店建筑的规模，根据其使用类别、建筑面积分为大、中、小型，应符合表1.0.4的规定。

表1.0.4 商店建筑的规模

规模 \ 类别	百货商店、商场建筑面积（m²）	菜市场类建筑面积（m²）	专业商店建筑面积（m²）
大型	＞15000	＞6000	＞5000
中型	3000～15000	1200～6000	1000～5000
小型	＜3000	＜1200	＜1000

第1.0.5条 商店建筑设计，除应符合本规范的规定外，还应符合《民用建筑设计通则》（GB 50352—2005）以及国家和专业部门颁发的有关设计标准、规范和规定。

3.1 一般规定

第3.1.1条 商店建筑按使用功能分为营业、仓储和辅助三部分。建筑内外应组织好交通，人流、货流应避免交叉，并应有防火、安全分区。

第3.1.2条 商店建筑的营业、仓储和辅助三部分建筑面积分配比例可参照表3.1.2的规定。

表3.1.2 商店建筑面积分配比例

建筑面积（m²）	营业（%）	仓储（%）	辅助（%）
＞15000	＞34	＜34	＜32
3000～15000	＞45	＜30	＜25
＜3000	＞55	＜27	＜18

注：1. 商店建筑，如营业部分混有大量仓储面积时，可仅采用其辅助部分配比。
2. 仓储及辅助部分建筑可不全部建在同一基地内。
3. 如城市设置集中商品储配库和社会服务设施等较完善时，可适当调减仓储、辅助部分配比。

第3.1.3条 商店建筑外部所有凸出的招牌、广告均应安全可靠，其底部至室外地面的垂直距离不应小于5m。

第3.1.4条 商店建筑，如设置外向橱窗时，应符合下列规定：

1. 橱窗平台高于室内地面不应小于 0.20m，高于室外地面不应小于 0.50m。
2. 橱窗应符合防晒、防眩光、防盗等要求。
3. 采暖地区的封闭橱窗一般不采暖，其里壁应为绝热构造，外表应为防雾构造。

第 3.1.5 条　营业和仓储用房的外门窗应符合下列规定：
1. 连通外界的底（楼）层门窗应采取防盗设施。
2. 根据具体要求，外门窗应采取通风、防雨、防晒、保温等措施。

第 3.1.6 条　营业部分的公用楼梯，坡道应符合下列规定：
1. 室内楼梯的每梯段净宽不应小于 1.40m，踏步高度不应大于 0.16m，踏步宽度不应小于 0.28m。
2. 室外台阶的踏步高度不应大于 0.15m，踏步宽度不应小于 0.30m。
3. 供轮椅使用坡道的坡度不应大于 1：12，两侧应设高度为 0.65m 的扶手，当其水平投影长度超过 15m 时，宜设休息平台。

第 3.1.7 条　大型商店营业部分层数为四层及四层以上时，宜设乘客电梯或自动扶梯；商店的多层仓库可按规模设置载货电梯或电动提升机、输送机。

第 3.1.8 条　营业部分设置的自动扶梯应符合下列规定：
1. 自动扶梯倾斜部分的水平夹角应等于或小于 30°。
2. 自动扶梯上下两端水平部分 3m 范围内不得兼作他用。
3. 当只设单向自动扶梯时，附近应设置相配伍的楼梯。

第 3.1.9 条　商店营业厅应尽可能利用天然采光。

第 3.1.10 条　营业厅内采用自然通风时，其窗户等开口的有效通风面积，不应小于楼地面面积的 1/20，并宜根据具体要求采取有组织通风措施，如不够时应采用机械通风补偿。

第 3.1.11 条　设系统空调或采暖的商店营业厅的建筑构造应符合下列规定：
1. 围护结构应符合建筑热工要求。
2. 营业厅内应无明显的冷（热）桥构造缺陷和渗透的变形缝。
3. 通风道、口应设消音、防火装置。
4. 营业厅与空气处理室之间的隔墙应为防火兼隔音构造，并不得直接开门相通。

3.2　营业部分

第 3.2.1 条　普通营业厅设计应符合下列规定：
1. 应按商品的种类、选择性和销售量进行适当的分柜、分区或分层，顾客较密集的售区应位于出入方便地段。
2. 厅内柱网尺寸，根据商店规模大小、经营方式和结构选型而定，应便于柜台、货架布置并有一定灵活性。通道应便于顾客流动并有均匀的出入口。

第 3.2.2 条　普通营业厅内各售区面积可按不同商品种类和销售繁忙程度而定。营业厅面积指标可按平均每个售货岗位 15m² 计（含顾客占用部分）；也可按每位顾客 1.352 计。

注：营业厅内，如堆置大量商品时，应将指标计算以外的面积计入仓储部分。

第 3.2.3 条　普通营业厅内通道最小净宽度应符合表 3.2.3 的规定。

附录 《商店建筑设计规范》（JGJ 48—2014）（节选）

表 3.2.3 普通营业厅内通道最小净宽度

通道位置	最新净宽度（m）
1. 通道在柜台与墙面或陈列窗之间	2.20
2. 通道在两个平行柜台之间，如： （1）每个柜台长度小于 7.50m。 （2）一个柜台长度小于 7.50m，另一个柜台长度 7.50～15m。 （3）每个柜台长度为 7.50～15m。 （4）每个柜台长度大于 15m。 （5）通道一端设有楼梯时。	2.20 3.00 3.70 4.00 上下两个梯段宽度之和再加 1m
3. 柜台边与开敞楼梯最近踏步间距离	4m，并不小于楼梯间净宽度

注 1. 通道内如有陈设物时，通道最小净宽度应增加该物宽度。
  2. 无柜台售区、小型营业厅可根据实际情况按本表数字酌减不大于 20%。
  3. 菜市场、摊贩市场营业厅宜按本表数字增加 20%。

第 3.2.4 条 营业厅的净高应按其平面形状和通风方式确定，并应符合表 3.2.4 的规定。

表 3.2.4 营业厅的净高

通风方式	自然通风			机械排风和自然通风相结合	系统通风空调
	单面开窗	前面敞开	前后开窗		
最大进深与净高比	2:1	2.5:1	4:1	5:1	不限
最小净高（m）	3.20	3.20	3.50	3.50	3.00

注 1. 设有全年不断空调，人工采光的小型厅或局部空间的净高可酌减，但不应小于 2.40m。
  2. 营业厅净高应按楼地面至吊顶或楼板底面之间的垂直高度计算。

第 3.2.5 条 营业厅内或近旁，为售货需要年所加的小间或场地应符合下列规定：

1. 出售服装的柜台较多时应设试衣室。

2. 检修钟表、电器、电子产品等的用地面积可按每一工作人员 6m² 计。

3. 出售乐器和音响器材等宜设试音室，其面积不应小于 2m²。

第 3.2.6 条 自选营业厅设计应符合下列规定：

1. 综合性营业厅内宜分开设置工业制品类及食品类商品的自选场地。

2. 厅前应设置顾客衣物寄存处、进厅闸位、供选购用盛器堆放位及出厅收款包装位等，其面积总数不宜小于营业厅面积的 8%。

3. 应根据厅内可容纳顾客人数，在出厅位按每 100 人设收款包装台 1 个（含 0.60m 宽顾客通过口）。

4. 每个面积超过 1000m² 的营业厅宜设闭路电视监控装置。

第 3.2.7 条 自选营业厅的面积指标可按每位顾客 1.35m² 计（如用小车选购按 1.70m² 计）。

第 3.2.8 条 自选营业厅内通道最小净宽度应符合表 3.2.8 的规定，并应按该厅设计容纳人数复核兼作疏散用的通道宽度。

表 3.2.8 自选营业厅内通道最小净宽度

通道位置	最小净宽度（m）
1. 通道在两个平行货架之间，如： （1）靠墙架长度不限，离墙货架长度小于15m。 （2）每个货架长度小于15m。 （3）每个货架长度15～24m	1.60（1.80） 2.20（2.40） 2.80（3.00）
2. 与各货架相垂直的通道，如： （1）通道长度小于15m。 （2）通道长度不小于15m	2.40（3.00） 3.00（3.60）
3. 货架与出入闸位间的通道	3.80（4.20）

注 1. 如采用货台、货区时，其周围留出的通道宽度，可按商品的选择性强弱等情况，调整上表所列数字。
　　2. 兼作疏散的通道应尽量直通至出厅口或安全门。
　　3. 括号内数字为使用小车选购时要求。

第 3.2.9 条　联营商场、商业中心类建筑设计，除商店建筑部分应符合本规范的规定外，饮食业、文娱建筑部分等还应符合各有关专项建筑设计规范的规定。

第 3.2.10 条　联营商场内连续排列店铺设计应符合下列规定：

1. 各店铺的内业运输于营业时间内不应占用公共通道（内街），必要时可另设作业通道。

2. 饮食店的灶台不宜面向公共通道，并应有良好排烟通风设施。

3. 店铺内，如有面向公共通道营业的柜台，其前沿应后退道边线不小于0.50m。

4. 各店铺的隔墙、吊顶等的饰面材料和构造不得降低商场建筑物的耐火等级规定，并不得任意添加设计规定以外的超载物。

5. 各公共通道的安全出口及其间距等应符合防火规范的规定。

第 3.2.11 条　联营商场内连续排列店铺间的公共通道最小净宽度应符合表 3.2.11 的规定。

表 3.2.11 连续排列店铺间的公共通道最小净宽度

通道名称	最小净宽度（m）
1. 主要通道	4.00（3.00），并不小于通道长度的 1/10（1/15）
2. 次要通道	3.00（2.00）
3. 内部作业通道（按需要）	1.80

注 1. 括号内数字为公共通道仅有一侧设铺面时的要求。
　　2. 主要通道长度按其两端安全出口间距离计。

第 3.2.12 条　大中型商店为顾客服务的设施应符合下列规定（不包括在营业厅面积指标内）：

1. 顾客休息面积应按营业厅面积的 1%～1.40% 计，如附设小卖柜台（含储藏）可增加不大于 15m^2 的面积。

2. 营业厅每 1500m^2，宜设一处市内电话位置（应有隔声屏障），每处为 1m^2。

3. 应设顾客卫生间；宜设服务问讯台。

第 3.2.13 条　大中型商店顾客卫生间设计应符合下列规定：

1. 男厕所应按每 100 人设大便位 1 个、小便斗 2 个或小便槽 1.20m 长。

2. 女厕所应按每50人设大便位1个，总数内至少有坐便位1~2个。

3. 男女厕所应设前室，内设污水池和洗脸盆，洗脸盆按每6个大便位设1个，但至少设1个；如合用前室则各厕所间入口应加遮挡屏。

4. 卫生间应有良好通风排气。

5. 商店宜单独设置污洗、清洁工具间。

3.3 仓储部分

第3.3.1条 仓储部分应根据商店规模大小、经营需要而设置供商品短期周转的储存库房（总库房、分部库房、散仓）和与商品出入库、销售有关的整理、加工和管理等用房；该部分占商店总建筑面积的比例数可按第3.1.2条的规定。

第3.3.2条 房设计应符合下列规定：

1. 建筑物应符合防火规范的规定，并应符合防盗、通风、防潮、和防鼠等要求。

2. 分部库房、散仓应靠近营业厅内有关售区，便于商品的搬运，少干扰顾客。

第3.3.3条 食品类商店仓储部分尚应符合下列规定：

1. 根据商品不同保存条件和商品之间存在串味、污染的影响，应分设库房或在库内采取有效隔离措施。

2. 各种用房地面、墙裙等均应为可冲洗的面层，并严禁采用有毒和起化学反应的涂料。

3. 如附设加工厂，其设施应符合食品卫生法的规定。

第3.3.4条 库内存放商品应紧凑、有规律，货架或堆垛间通道净宽度应符合表3.3.4的规定。

表3.3.4 库房内通道净宽度

通道位置	净宽度（m）
1. 货架或堆垛端关与墙面内的通风通道	> 0.30
2. 平行的两组货架或堆垛间手携商品通道，按货架或堆垛宽度选择	0.70~1.25
3. 与各货架或堆垛间通道相连的垂直通道，可通行轻便手推车	1.50~1.80
4. 电瓶车通道（单车道）	> 2.50

注 1. 单个货架宽度为0.30~0.90m，一般为两架并靠成组；堆垛宽度为0.60~1.80m。
    2. 库内电瓶车行速不应超过75m/min，其通道宜取直，或设回车场地不宜小于6m×6m。

第3.3.5条 库房的净高应由有效储存空间及减少至营业厅垂直运距等确定，并应符合下列规定：

1. 设有货架的库房净高不应小于2.10m。

2. 设有夹层的库房净高不应小于4.60m。

3. 无固定堆放形式的库房净高不应小于3m。

注：库房净高应按楼地面至上部结构主梁或桁架下弦底面间的垂直高度计算。

第3.3.6条 商店建筑的地下室、半地下室，如用作商品临时储存、验收、整理和加工场地时，应有良好防潮、通风措施。

3.4 辅助部分

第3.4.1条 辅助部分应根据商店规模大小、经营需要而设置。包括外向橱窗、办公业务和职工福利用房，以及各种建筑设备用房和车库等；该部分所占商店总建筑面积的比例数可按第3.1.2条的规定。

第 3.4.2 条 商店的办公业务和职工福利用房面积可按每个售货岗位配备 3 ~ 3.50m² 计。

第 3.4.3 条 商店内部用卫生间设计应符合下列规定：

1. 男厕所应按每 50 人设大便位 1 个、小便斗 1 个或小便槽 0.60m 长。

2. 女厕所应按每 30 人设大便位 1 个，总数内至少有坐便位 1 ~ 2 个。

3. 盥洗室应设污水池 1 个，并按每 35 人设洗脸盆 1 个。

4. 大中型商店可按实际需要设置集中浴室，其面积指标按每一定员 0.10m² 计。

3.5 专业商店

第 3.5.1 条 菜市场类建筑设计尚应符合下列规定：

1. 如因基地所限而需场内设商品运输通道时，其宽度应包括顾客避止范围。

2. 商品装卸和堆放场地应与垃圾废弃物场地相隔离。

3. 场内净高应满足良好通风、排除异味的要求，其地面、货台和墙裙应采用易于冲洗的面层。

第 3.5.2 条 大中型书店建筑设计尚应符合下列规定：

1. 营业厅宜按书籍的文种、科目等适当划分范围或层次，顾客较密集的售区应位于出入方便地段。

2. 营业部分宜单独设置机关供应部和邮购业务部，并可按经营需要设置书展场地（可不占营业厅面积指标）。

3. 设有较大的语音、声像售区时，宜设试听小室或利用书展室兼作试看室。

4. 如采用开架书廊营业方式时，可充分利用空间设置夹层其净高不应小于 2.10m。

5. 开架书廊和书库储存面积指标，可按 400 ~ 500 册 /m² 计；书库底层入口宜设汽车卸货平台。

第 3.5.3 条 粮油店建筑设计尚应符合下列要求：

1. 营业厅内，应分设粮、油售区，收款发票台位面积可按 15 ~ 20m² 计（含顾客等候面积）。

2. 粮油库房宜与营业厅隔开，并应采取防火、防潮、防鼠雀等措施，同时具有良好通风和易于清扫的地面。

3. 一般粮油店库房面积可按不大于营业厅面积的 200% 计；如按规定存放量来确定面积时，则库房总面积可按粮油堆垛总面积的 170% 计（含通道和空位）。

第 3.5.4 条 中药店建筑设计尚应符合下列规定：

1. 营业厅内，配售饮片的每个售货岗位面积指标可按 20m² 计（含顾客占用部分）。

2. 营业部分如附设门诊时，面积指标可按每一医师 10m² 计（含顾客候诊面积），但单独诊室面积不宜小于 12m²。

3. 仓储部分建筑宜按各类药材、饮片及成药不同保存温湿度和防止霉变的要求而分设库房。

4. 饮片、膏、剂加工厂和煎药间均应符合卫生标准和消防规定。

第 3.5.5 条 西医药商店建筑设计尚应符合下列规定：

1. 营业厅内，应按药品性质与医疗器材种类进行适当的分区、分柜。

2. 营业部分如附设配方部时，应设专用调剂室，其面积为 25 ~ 40m²（含储药小间，其设施可参照中小门诊部调剂室）。收方发药柜位面积宜为 20m²（含顾客等候面积）。

3. 仓储部分建筑应设置与商店规模相适应的整理包装间、检验间及按药品性质、医疗器材类别而分设库房；一般药品库应通风良好，空气干燥，无阳光直射和室温不大于 30℃。

第 3.5.6 条 专业商店附设的作坊或工场部分建筑设计，应按生产工艺要求和防火、卫生有关规范进行设计。

4.1 防火

第 4.1.1 条 商店建筑防火与疏散设计，除应符合防火规范的规定外，尚应符合本章各项规定。

第4.1.2条 商店的易燃、易爆商品库房宜独立设置；存放少量易燃、易爆商品库房如与其他库房合建时，应设有防火墙隔断。

第4.1.3条 专业商店内附设的作坊、工场应限为丁、戊类生产，其建筑物的耐火等级、层数和面积应符合防火规范的规定。

第4.1.4条 综合性建筑的商店部分应采用耐火极限不低于3h的隔墙和耐火极限不低于1.50h的非燃烧体楼板与其他建筑部分隔开；商店部分的安全出口必须与其他建筑部分隔开。

注：多层住宅底层商店的顶楼板耐火极限可不低于1h。

第4.1.5条 商店营业部分的吊顶和一切饰面装修，应符合该建筑物耐火等级规定，并采用非燃烧材料或难燃烧材料。

第4.1.6条 大中型商业建筑中有屋盖的通廊或中庭（共享空间）及其两边建筑，各成防火分区时，应符合下列规定：

1. 当两边建筑高度小于24m则通廊或中庭的最狭处宽度不应小于6m，当建筑高度大于24m则该处宽度不应小于13m。

2. 通廊或中庭的屋盖应采用非燃烧体和防碎的透光材料，在两边建筑物支承处应为防火构造。

3. 通廊或中庭的自然通风要求应符合第3.1.10条的规定。当为封闭中庭时应设自动排烟装置。

4. 通廊或中庭的消防设施应符合防火规范的规定。

第4.1.7条 商店建筑内如设有上下层相连通的开敞楼梯、自动扶梯等开口部位时，应按上下连通层作为一个防火分区，其建筑面积之和不应超过防火规范的规定。

第4.1.8条 防火分区间应采用防火墙分隔，如有开口部位应设防火门窗或防火卷帘并装有水幕。

4.2 疏散

第4.2.1条 商店营业厅的每一防火分区安全出口数目不应少于两个；营业厅内任何一点至最近安全出口直线距离不宜超过20m。

注：小面积营业室可设一个门的条件应符合防火规范的规定。

第4.2.2条 商店营业厅的出入门、安全门净宽度不应小于1.40m，并不应设置门槛。

第4.2.3条 商店营业部分的疏散通道和楼梯间内的装修、橱窗和广告牌等均不得影响设计要求的疏散宽度。

第4.2.4条 大型百货商店、商场建筑物的营业层在五层以上时，宜设置直通屋顶平台的疏散楼梯间不少于2座，屋顶平台上无障碍物的避难面积不宜小于最大营业层建筑面积的50%。

第4.2.5条 商店营业部分疏散人数的计算，可按每层营业厅和为顾客服务用房的面积总数乘以换算系数（人/m²）来确定：

第一、二层，每层换算系数为0.85。

第三层，换算系数为0.77。

第四层及以上各层，每层换算系数为0.60。

第4.2.6条 商店营业部分的底层外门、楼梯、走道的各自总宽度计算应符合防火规范的有关规定。

5.2 暖通空调

第5.2.1条 位于采暖地区的商店建筑，当室内经常有人逗留时，宜设置集中采暖。

注：采暖面积不大于1000m²的一般商店建筑，当无集中采暖热源或距热网较远时，可采用分散采暖（如火炉、

火墙等），但必须符合防火要求。

第5.2.2条 商店营业厅开启频繁的主要大门可设置风幕。但应符合下列规定：

1. 严寒地区，大中型商店营业厅，当不可能设置门斗或前室时，可设热风幕。
2. 寒冷地区，经过技术经济比较认为合理时，可设热风幕。
3. 设有空气调节时，大中型商店应设空气幕，小型商店可设空气幕。

第5.2.3条 商店营业厅应根据其规模大小设计通风或空调：

1. 小型商店营业厅应有良好的自然通风，如自然通风不能保证卫生条件时，应设置机械通风。
2. 大中型百货商店营业厅空气温度不应高于32℃，当采用一般通风降温不能满足要求时，应设置空气调节。
3. 专业商店应视供应对象、商品储存时间和要求，可设置空调。

第5.2.4条 当商店营业厅设置采暖通风时，室内空气计算参数宜按下列情况采用：

1. 冬季采暖计算温度宜采用16~18℃，平均风速不应大于0.3m/s。
2. 夏季通风室内计算湿度应根据夏季通风室外计算温度按表5.2.4确定。

表5.2.4 夏季通风室内计算温度（℃）

夏季通风室外计算温度（℃）	≤22	23	24	25	26	27	28
夏季通风室内计算温度（℃）	≤22	32					

第5.2.5条 当商店营业厅设置空气调节时，室内空气计算参数应符合表5.2.5规定。

表5.2.5 空气调节室内空气计算参数

参数名称	夏季		冬季
	人工冷源	天然冷源	
干球温度（℃）	26~28	28~30	16~18
相对湿度（%）	55~65	65~80	30~50
平均风速（m/s）	0.2~0.5	>0.5	0.1~0.3
CO_2浓度（%）	>0.2		
最小新风量[m³/(人·h)]	8.5		

第5.2.6条 商店营业厅通风设备允许噪声，顶层宜取45~55dB（A），底层宜取50~60dB（A）；当周围环境噪声级较低时，采用下限允许值，当周围环境噪声级较高时，采用上限允许值。

第5.2.7条 当计算空气调节冷负荷时，营业厅人数应包括顾客和售货员两部分，顾客人数应按星期日平均流量计算。

第5.2.8条 当计算人体散热量时，应考虑顾客和售货员中成年男子、成年女子和儿童的比例及其散热量不同的群集系数，一般可取0.92。

第5.2.9条 商店营业厅空气调节宜采用低速全空气单风道系统；有条件时，可采用变风量系统。

第5.2.10条 商店营业厅空气调节，空气处理宜采用喷水室或带喷水的冷水表曲式冷却器；冬季不应加湿。

第5.2.11条 机械送风系统（包括与热风采暖合并的系统）的送风方式应采用上侧送；当有吊顶可以利用时，可采用散流器直送。

第5.2.12条 大门热风幕或空气幕宜采用自上向下送风,条缝和孔口处的送风速度应保证气流射向地面;热风幕送风温度不宜超过50℃。

5.3 电气

第5.3.1条 商店建筑电气负荷,根据其重要性和中断供电所造成的影响和损失程度而分级,并应符合下列规定:

1. 大型百货商店、商场的营业厅、门厅、公共楼梯和主要通道的照明及事故照明应为一级负荷,自动扶梯和乘客电梯应为二级负荷。

2. 高层民用建筑附设商店的电气负荷等级应与其相应的最高负荷等级相同。

3. 中型百货商店、商场的营业厅、门厅、公共楼梯和主要通道的照明及事故照明、乘客电梯应为二级负荷,其余应为三级负荷。

4. 凡不属于本条一至三款的其他商店建筑的电气负荷可为三级负荷。

5. 在商店建筑中,当有大量一级负荷时,其附属的锅炉房、空调机房等的电力及照明可为二级负荷。

6. 商店建筑中如设电话总机房,其交流电源负荷等级应与其电气设备之最高负荷等级相同。

7. 商店建筑中的消防用电设备的负荷等级应符合相应防火规范的规定。

第5.3.2条 商店建筑的照明设计,为达到显示商品特点、吸引顾客和美化室内环境等目的,应符合下列要求:

1. 照明设计应与室内设计和商店工艺设计统一考虑。

2. 对照度、亮度在平面和空间均宜配置恰当,使一般照明、局部重点照明和装饰艺术照明能有机组合。

3. 为表达不同商店、商场的营业厅的特定光色气氛和商品的真实性或强调性显色、立体感和质感,应合理选择光色间对比度、不同色温和照度要求。

第5.3.3条 各类商店建筑的一般照明,在距地面0.80m参考水平工作面处的推荐照度值可参照表5.3.3的规定。

表5.3.3 一般照明推荐照度

房间或场所名称	推荐照度(lx)
百货自选商场(超级市场)的营业厅	150~300
百货商店、商场、文物字画商店、中西药店等的营业厅及选购用房	100~200
书店、服装店、钟表眼镜店、鞋帽店等的营业厅及选购用房	75~150
百货商店、商场的大门厅、广播室、电视监控室、美工室和试衣间	75~150
粮油店、副食店等的营业厅	50~100
值班室、换班室和一般工作室	30~75
一般商品库及主要的楼梯间、走道、卫生间	20~50
供内部使用的楼梯间、走道、卫生间、更衣室	10~20

注 1. 表中推荐照度适合任一种光源。
2. 设在地下层(室)内建筑物深处的商店营业厅,如无天然光或天然光不足时,宜将表中推荐照度提高一级。
3. 当采用荧光灯等气体放电光源时,其推荐照度不宜低于30lx。

第5.3.4条 大中型百货商店、商场宜设重点照明,各类商店、商场的收款台、修理台、货架柜(按需要)等宜设局部照明,橱窗照明的照度宜为营业厅照度2~4倍,货架柜的垂直照度不宜低于50lx。

第 5.3.5 条 商店、商场营业厅照明,除满足一般垂直照度外,柜台区的照度宜为一般垂直照度 2~3 倍(近街处取低值,厅内深处取高值)。

第 5.3.6 条 商店建筑营业厅内的照度和亮度分布应符合下列规定:

1. 一般照明的均匀度(工作面上最低照度与平均照度之比)不应低于 0.6。

2. 顶棚的照度应为水平照度的 0.3~0.9。

3. 墙面的照度应为水平照度的 0.5~0.8。

4. 墙面的亮度不应大于工作区的亮度。

5. 视觉作业亮度与其相邻环境的亮度比宜为 3:1。

6. 在需要提高亮度对比或增加阴影的地方可装设局部定向照明。

第 5.3.7 条 按不同商品类别来选择光源的色温和显色性,并应符合下列规定:

1. 商店建筑主要光源的色温,在高照度处宜采用高色温光源,低照度处宜采用低色温光源。

2. 按需反映商品颜色的真实性来确定显色指数 R_a,一般商品 R_a 可取 60~80,需高保真反映颜色的商品 R_a 宜大于 80。

3. 当一种光源不能满足光色要求时,可采用两种及两种以上光源混光的复合色。

4. 各类商店建筑常用光源的色温、显色指数、特征及用途可参照表 5.3.7 的规定。

表 5.3.7 商店建筑常用光源的色温、显色指数、特征及用途

光源		色温(K)	显色指数 R_a	主要特征	主要用途
白炽灯类	白炽灯	2400~3000	~100	·亮度高 ·发光效率低 ·稳重、温暖 ·寿命短	·营业厅部分照明,或主工商品的局部或重点照明 ·低照度营业厅可作一般照明 ·高照度面积大的营业厅,不宜作一般照明
	卤素灯	3000	~100		
气体放电灯类	荧光灯	6500(日光色) 4800(白色)	63~99	·扩散光发光效率高 ·色温、显色性种类多 ·寿命长	·营业厅的基本照明 ·可按各类商品要求,选择色温和显色性
	荧光水银灯	3300~4100	40~55	·发光效率高 ·单灯可获得较大光束 ·显色性差 ·寿命长	多用于商店外部照明
	金属钠盐灯	3800~6000	63~92	·效率高,显色性好 ·外管有透明和扩散性	·用于商店的入口 ·商店内的高顶棚 ·小瓦数用于局部照明和点光源

第 5.3.8 条 对防止变、褪色要求较高的商品(如丝绸、文物、字画等)应采用截阻红外线和紫外线的光源。

第 5.3.9 条 一般商店营业厅在无具体工艺设计情况下有使用灵活性,除其基本的一般照明可作均匀布置外,可在适当位置预留插座,每组插座容量可按货柜、架为 100~200W 及橱窗为 200~300W 计算。

第 5.3.10 条 商店建筑应装设各类事故照明,并应符合下列规定:

1. 大型百货商店、商场的营业厅(含高层民用建筑附设的这类商店营业厅)应装设供继续营业的事故照明,其照度不应低于一般照明推荐照度的 10%。

2.中型百货商店、商场的营业厅：如由两个高压电源供电时，宜按一款处理；如由一个高压电源供电时，应装设供人员疏散用的事故照明，其照度不应低于 0.5lx，并应设置应急照明灯；供电方式宜与正常照明供电干线自低压配电柜或母干线上分开。

3.其他商店的营业厅，可按实际需要，装设供人员疏散的临时应急照明灯。

4.事故照明不作为正常照明的一部分使用时，必须采用能瞬时点燃的光源，其电源应为自动投入；如事故照明作为正常照明一部分使用时，其电源可不需自动投入，应将两者的配线及开关分开装设。

5.值班照明宜利用正常照明中能单独控制的一部分，或事故照明的一部分或全部。

第 5.3.11 条　商店建筑宜采用铝芯导线；大中型百货商店、商场的营业厅、电梯、自动扶梯、事故照明、易燃品库等则宜采用铜芯导线。

第 5.3.12 条　商店、商场的电脑系统、闭路电视系统、电话电声系统以及防火防盗系统等设计应执行有关专业规范、规程的规定。

参考文献

[1] 高祥生，韩巍，过伟敏. 室内设计师手册：下册 [M]. 北京：中国建筑工业出版社，2001.

[2] 刘成瑜. 商业橱窗展示设计 [M]. 北京：化学工业出版社，2012.

[3] 彭军. 商业空间设计 [M]. 天津：天津大学出版社，2011.

[4] 杨博，孙荣芳. 建筑装饰工程照明 [M]. 合肥：安徽科学技术出版社，1996.

[5] 宋寿剑，赵幸辉. 展示空间设计 [M]. 北京：中国建材工业出版社，2012.

[6] 王凌珉. 专卖店空间设计 [M]. 北京：中国建筑工业出版社，2012.

[7] 华明玥. 世界现代商店室内设计经典 [M]. 江苏：江苏美术出版社，1996.

[8] 来增祥，陆震伟. 室内设计原理 [M]. 北京：中国建筑工业出版社，1991.

[9] 蔡强，朱晓明，孙刚. 商业建筑装修实用技术 [M]. 上海：同济大学出版社，1994.

[10] 塞拉茨. 商店空间设计 [M]. 王悦，译. 辽宁：大连理工大学出版社，2007.

[11] 唐婉玲. 商业空间设计 [M]. 辽宁：辽宁科学技术出版社，2011.

[12] 马江晖，刘新. 商业空间展示设计实务 [M]. 北京：机械工业出版社，2010.

[13] 刘宇. 室内外手绘效果图 [M]. 辽宁：辽宁美术出版社，2008.

[14] 龙燕. 商业空间设计 [M]. 辽宁：辽宁美术出版社，2011.

[15] 杨一菲，戴建刚. 3ds Max/VRAY 印象——商业效果图快速表现技法 [M]. 北京：人民邮电出版社，2008.

[16] 霍维国，霍光. 室内设计工程图画法 [M]. 北京：中国建筑工业出版社，2006.

[17] 韩阳. 卖场陈列设计 [M]. 北京：中国纺织工业出版社，2006.

[18] 鲁彦娟. 服装店铺与展示设计 [M]. 北京：化学工业出版社，2008.

[19] 张绮曼，郑曙旸. 室内设计资料集 [M]. 北京：中国建筑工业出版社，1991.

[20] 龚锦. 人体尺度与室内空间 [M]. 天津：天津科学技术出版社，1995.